社会システム・デザイン組み立て思考のアプローチ

「原発システム」の検証から考える

横山禎徳 著

東京大学出版会

"Social System Design,"
a New Approach to Solving Social Issues:
Nuclear Power Systems as Case Studies
Yoshinori YOKOYAMA
University of Tokyo Press,2019
ISBN978-4-13-043042-5

社会システム・デザイン　組み立て思考のアプローチ——目次

はじめに　1

第1章

第2章

悪循環を発見する——中核課題の正確な把握……69

第3章

良循環を形成する——中核課題への対応……99

おわりに　237

著者紹介

横山禎徳（よこやま　よしのり）

県立広島大学専門職大学院経営管理研究科（HBMS）研究科長、東京大学エグゼクティブ・マネジメント・プログラム（東大 EMP）企画推進責任者。イグレック SSDI 代表取締役、東京大学グローバル・アドバイザリー・ボード・メンバー等も務める。

1966 年東京大学工学部建築学科卒。ハーバード大学デザイン大学院都市デザイン修士、マサチューセッツ工科大学（MIT）スローン経営大学院修士。前川國男建築設計事務所（東京）、およびデイビス・ブロディ・アソシエーツ（ニューヨーク）において建築デザインに従事。1975 年にマッキンゼー・アンド・カンパニー入社。日本企業および海外の企業に対する収益改善、全社戦略立案・実施、研究開発マネジメント、組織デザイン、企業変革、企業買収・提携等のコンサルティングを行う。同社シニア・パートナー、東京支社長を経て 2002 年定年退職。現在は、社会システムズ・アーキテクトとして「社会システム・デザイン」の方法論の開発、普及に注力している。2003 年から 4 年間、産業再生機構の監査役、2012 年には国会東京電力福島原子力発電所事故調査委員会委員として活動した。

著書に『企業変身願望』（NTT 出版、1990 年）、『成長創出革命』（ダイヤモンド社、1994 年）、『「豊かなる衰退」と日本の戦略』（ダイヤモンド社、2003 年）、『アメリカと比べない日本』（ファースト・プレス　2006 年）、『循環思考』（東洋経済新報社、2012 年）、共編著に『合従連衡戦略』（東洋経済新報社、1998 年）、『東大エグゼクティブ・マネジメント 課題設定の思考力』（東京大学出版会、2012 年）、『東大エグゼクティブ・マネジメント デザインする思考力』（東京大学出版会、2014 年）などがある。

はじめに

原発は推進であれ反対であれ、マネジメントしなければならない

最初に、この本を書いた意図とその目指すところを明確にしておきたい。この本は、「社会システム・デザイン」というアプローチの有効性と実用性を具体的な社会課題の、あるいは、社会課題的テーマに当てはめ、議論することを目的としている。そのテーマとして、日本にとって重要、かつ、困難な課題である原発を取り上げた。しかし、今後、日本として原発を推進すべきなのか、あるいは反対すべきなのかを議論するのが主眼ではない。そういう議論から抜け出すため、実際に活用できるアプローチとして「社会システム・デザイン」としての原発システム・デザインをできるだけ分かりやすく語ってみたいのである。

もちろん、「推進か、反対か」という議論を否定しているのではない。いまさら言うまでもなく、原発の問題を扱うのは難しい。特に2011年3月11日の福島第一原発の事故（以後

3・11事故と呼ぶ）以降、多くの人々が原発に関心を持ち、いろいろな情報に接しながら、それぞれ自分の見方を持ってきた。その結果、「原発は極めて危険だから廃止すべきだ」という意見、そして「今後の電力供給の安定と、低炭素化の実現のためには原発を使用すべきだ」という意見の両極端があるのはご存知の通りである。

しかし、この本は安易に推進、反対のどちらかに確定した立場をとらない。それは我々の直面する課題の解決にならないからだ。「あれか、これか」の議論ではなく、ここでは「あれはあれ、これはこれ」という考えに立っている。

推進か反対かの議論は当然必要である。しかし、これまでの議論の展開を見ても分かるように、どちらもが納得し合意する結論に達することは難しい。これは、多くの「あれか、これか」の二項対立の議論に共通の問題である。このような議論の硬直状態が作り出しがちな、やるべきことをやらないままにしてしまう中途半端な行動や、「なし崩しのすり替え」のような歪んだ行動に走ることを防止しないといけない。そうなることを避けるために、どういう結論になろうともやらないといけないことは鋭意実施しながら、並行して議論は議論として行い、その結果、これが複雑な問題であることを互いの立場が認め合い、その時々に応じて現実解を見つけることを目的とするのである。実際、立場としてどちらの結論であるかに関係なく、日本には50基近い原発[1]が厳然として存在している。そして、今後かなり長期の間、存在することに変わりはないのである。

原発は、稼働中はもちろん、それを停止したからといって100%安全とは限らない。原子炉自体や、すでに発生した使用済み核燃料の冷却を続けないといけない。原発を廃止・解体するにしても、廃炉期間で少なくとも20〜30年[2]を要する。さらに、現在利用可能な技術に依存する限りは使用済み核燃料の処分までには数千〜数万年[3]が必要とされる。したがって、推進、反対に関係なく、将来にわたって、原発を安全かつ適切に「マネジメント（管理・運営）」をしていかなければならない。それが我々に突きつけられた現実である。

課題設定能力の不在

原発はその複雑かつ巨大な装置として存在するだけでなく、その背後には、これまでの政治や経済と絡んだ推進方針の選択などの経緯があり、立場の違う多くの関係者がいる。それに

1　2018年10月現在、廃炉決定・解体中、停止中のものを合わせて58基。

2　調査・計画から原子炉の解体、建屋の撤去までを想定。経済産業省、公益財団法人 原子力安全技術センターなどによる見通し。ただし、「廃炉先進国」イギリスの場合、2002年に運転を停止した原発の廃炉に90年をかける計画である。

3　使用済み核燃料のなかでも、その処理の過程で生じた強い放射性を持つ廃液などは「高レベル放射性廃棄物」と呼ばれ、放射能レベルが十分低くなるまでに10万年の歳月を要する。

世界の原発の技術開発の展開動向、代替技術の経済的実用性と競争力の進捗度合い、それら技術の環境問題に対する各種対策の実効性、近隣諸国の新規原発の開発動向とそのリスク管理、そして、それらの判断に影響を与える時代の精神や価値判断の変化などが絡んでいる。「マネジメントする」とは、これらの極めて多岐にわたる複雑な課題に対応するということだ。そして、そのために必要とされる能力を日本全体として獲得し、適切、かつ賢くその能力を発揮する方法を議論するのが、この本の目指すことである。

当然、筆者は原発を取り巻く課題のすべてを熟知しているわけではない。原発には、一個人が扱える問題の範囲を超えた部分が多々あることも理解している。しかし、原発を取り巻く多面的な議論から進めることを始めて、最終的に納得感の高い行動へ結びつけるため、そこに求められる「規律」を提示することは可能であろう。それは原発マネジメントの全体を統括する思考の枠組みと、それに基づいたアプローチを提示することだと考える。それを、ここでは筆者が長年追求している「社会システム・デザイン」という方法論で試みてみたい。

筆者が特に取り上げたいことは、日本全体の一般的傾向であり、特に原発に関して顕著に表れた、課題解決能力の前に必要な「課題設定能力の不在」である。3・11事故以降すでに8年近くが過ぎようとしているにもかかわらず、議論が対立したまま、物事が速やかに進まず、今後の方向も政府から国民に対して明確に、かつ分かりやすく説明されていない。しかも、技術的な問題、すなわち、ハードウェアの改善を中心とした対策をもとに、なし崩しの原発再稼働という事態が進んでいる。

この状況の背景にあるのは、「原発の抱える中核課題が何か」を、政府を含めて、誰も的確に定義し、国民に提示しないままでいることだ。それにはハードウェア、ソフトウェアを統合した視点が必要なのだが、そのような困難で、かつ能力だけでなく勇気のいる作業を後回しにし、表面的に見えている問題に対して、すぐに思いつくような対策、すなわち「問題の裏返し」の対策をやっているのが現状だ。それ自体は必要であり、否定しているのではないが、それだけでは十分でないことにもっと目を向けるべきだ。この状況を打開するため、表面的諸現象の裏にある中核課題を捉える、課題設定のための新たなアプローチが求められていると考える。

日本というのは、世界に伍する技術力もあり、比較的安定した社会と高い民度を保っている。しかも意外に思う向きもあろうが、小国日本が１９６０年代の終わりに突然世界第２位の経済大国になったのではない。歴史的事実として、18世紀頃からＧＤＰでは世界の第５位以内に入っていた大国である。本来、国としての影響力も大きい。にもかかわらず、３・11事故の経験と大いなる反省をもとに、原発、そしてエネルギー供給全体のあり方を支える普遍的な思想を打ち出せず、それに基づいた具体的な行動指針を提示できていないことは、世界が期待する責任を果たしていないと言える。日本がその経済力に比してその存在感が薄いことが近年議論されてきたが、その最大の理由は、世界の思想的リーダーとしての認知の低いことにあると筆者は考えている。３・11事故の後も、その状況が変わりそうにないことは日本政府の矜持の問題だ。

２０５０年に自然エネルギーが中心になるという予測

長期的に見れば、地球にひたすら降り注ぐ太陽光、また、それに付随した気象現象として発生する風力に代表される自然エネルギー（再生可能エネルギー）が電源構成の中心になるという議論は、誰も否定しないであろう。しかし、それが数年後に現実になるわけではない。電力の需要変動に柔軟に対応でき、経済的にも妥当なシステムとして全面的活用が達成できるには２０５０年までかかるという予測がある。[4] 日本全国、津々浦々までインフラが確立するにはもっとかかるのではないかという見方もある。いずれにしても、30年以上先の話であり、我々の人生の三分の一以上を占める、かなり長い期間である。その間を私たちはどう過ごせばよいのかは極めて重要な課題なのだ。

当面は自然エネルギーですべての電力を賄えるわけではない。コスト的に見合わないという問題だけではない。その性格上、変動する電力の供給と需要の間の時々刻々のバランスをとることが必要であり、いまは火力発電で調整しているが、自然エネルギーという以上、二酸化炭素（ＣＯ２）の発生無しで調整できる必要がある。そのための蓄電技術もリチウムイオン蓄電池やその他の蓄電池、あるいは水素サイクルなど選択肢があるが、どれもまだコスト的に現実味がない。だからといって3・11の事故後、原発依存がなし崩しに決まっていっていいわけではない。

また事故後に顕著なように、石炭・石油・天然ガスといった火力に大きく依存する状況を今後も続けて行くことは、すでに待ったなしの状況にある地球温暖化対策の観点から望ましいわけではない。しかも、将来予測される電気自動車やスーパーコンピューターなどの電力需要の急速な増加に対する供給能力を自然エネルギーで確保できるかという問題も抱えている。電気自動車の充電に必要な電力を火力で供給していては、二酸化炭素の排出量が増加してしまう。こうした状況のなかで、環境負荷を増やさない電力供給の安定を維持することが求められている。極めて複雑、かつ困難な課題だ。

要するに、この本の目指すところを別言すれば、「エネルギー需給をめぐる多様に絡み合っ

---

4 2050年までのエネルギー構成に関する予測はいくつかある。2050年にはすべて自然エネルギーで賄えるという予測（世界自然保護基金ジャパン、2017年）、再生可能エネルギーが世界の発電量に占める比率が2040年に40％へ高まるという予測（国際エネルギー機関（IAEA）、2017年）、2050年までに再生可能エネルギーの比率は大きく上がるが、再生可能エネルギーが全面的に化石資源に置き換わる可能性はほとんどないという予測（小宮山宏・山田興一『新ビジョン2050――地球温暖化、少子高齢化は克服できる』日経BP社、2017年）などがある。

た事象が進行形であるこの約30年間をどのように現実的、かつタイムリーな施策を柔軟に実施しながら過ごすのか」、それを議論するということである。２０５０年頃に原発に依存しなくてもよい状況が来るとしても、その間、さまざまなエネルギー技術、そしてそれを選択・推進する経済、政治の展開には、まだ読み切れない紆余曲折があるだろう。そういうことも含めて、その約30年という長い期間をどう賢く判断し、乗り越えていくかという文脈のなかで、原発のあり方に焦点を当てるわけである。

また、原子力規制委員会による原発「40年ルール」[5]を前提とすれば、この間、いま日本中に存在する原発はほぼすべて廃炉になっていく。廃炉は英語で decommission という。船などの分野では「退役」と訳される。退役した船はスクラップにされる。原発の廃炉では停止した装置を放置することはあり得ず、すべてを取り壊し、更地にするということだ。電力会社は事業継続の観点からその更地をその後、何に使うのかまで考えないといけない。次の世代の原発を作るのか、どうするのかを決めないといけないだろう。船のスクラップほど簡単ではないのだ。そうした現にある原発をめぐって、我々は何を検討し、どのような方向を決め、どういう効果的対策を打っていくかを考えることになる。これが「進行形」の意味でもある。

言うまでもなく、原発は日本だけの問題ではない。世界には４４３基ほど[6]の原発が、すでに運転中である。福島第一原発の事故後、ドイツ、スイス、イタリアなどが脱原発に舵を切る一方、アメリカ、フランス（最近、今後の原発依存率を50％に下方修正した）、イギリスなど今後も原発に依存し、推進する国々は数多い。

近隣諸国に関しては、韓国は脱原発の方針を打ち出したが、中国は原発の建設に積極的な姿勢を示している。そのための次世代原発の技術開発も進めている。いずれ建設に進むだろう。最近中国が発表した電気自動車の推進政策を実現させるためには、巨大になる電力需要を賄わなければいけない。また、中国にはすでに黄海に面した東海岸に原発がいくつか存在する。韓国には日本海に面した東海岸に原発が集中しており、そこでは地震[7]が起こりうることも広く知られるようになった。

　このように原発を議論する際、好むと好まざるとにかかわらず、国境を越えた事象であることに目を向けないといけないだろう。それは、すでにヨーロッパ中が影響を被ったチェルノブ

5　3・11事故後に原子炉等規制法が改正されて、原発の運転期間は「原則40年」と定められた。一方、「例外規定」として規制委員会が認可すれば最長20年、1回だけ運転延長が可能になっている。

6　2016年5月現在、運転している原発は全部で443基。そのうち、原発数第1位はアメリカで99基、第2位はフランスで58基、第3位が日本で42基。「福島原発事故の真実と放射能健康被害」(https://www.sting-wl.com/worldmap.html)を参照。

7　2016年9月、朝鮮半島南東部の慶尚北道慶州市付近で、最大マグニチュード5・8を記録する地震が発生している。この地震の震源は、韓国の原子力発電所が密集している地域だった。韓国は2018年4月現在、原発24基を持つ。

イリ原発事故で経験した。こういう情勢のなか、日本が3・11事故の経験に基づいて、原発の進むべき方向、そしてそれを展開する新たなアプローチを提示できれば、特に近隣諸国にも大きな影響を与えるはずだ。それは、先進課題に対する課題設定能力を有する国として、日本が世界に対する責任を果たし、存在感を示すことにもなろう。

本書の考え方――2050年までという時間軸では原発も一定の役割がある

原発に関する議論を行う際、どんな話を展開するかに関係なく「要するにあなたの立場は推進ですか、反対ですか」と聞く人が必ずいる。多くの人はそれがはっきりしないと、なぜか満足しないようだ。そして、「反対派」あるいは「推進派」のいずれかにレッテルを貼ろうとする。そういう人たちはそこで思考停止をしているだけなのだが、どちらかにレッテルを貼られると、その反対側からのバッシング対象の体系に組み込まれてしまう。

筆者の立場は原発に関する限り、「日和見」である。それは肩透かしでもないし、無責任な立場でもない。推進か反対かの立場を明確にして、それに沿った、いつも同じような発言を繰り返すだけで、事態の具体的解決に向けて自分からは何も行動しないことのほうが無責任だと思っている。いつまでに原発廃止といっても、代替電力供給源の具体策を示さないままでは、現実味を持って誰も受け入れることができない。それが現在の議論の膠着状態と、なし崩しの原発稼働再開につながっているとも言える。

しかし、筆者は、単なる「日和見」ではなく、「賢い日和見」でありたい。ある立場に固執しないように気を付け、新たに現れてくる「不都合な真実」から目を避けることなく直視し、先入見で思考停止になることを避け、常に感覚を鋭敏に保っていたいのだ。それは、原発を取り巻く状況の、これまで想定することのできなかった新たな展開や、自身の理解の深化によっては「前言取り消し」、すなわちこれまでの意見や立場に留まらず、それを変える場合もあり得るということだ。視野狭窄に陥ることを常に避け、オープン・マインドであることを貫きたいと考えている。

2050年までの約30年という時間を考えると、すべてのエネルギー技術がいまのままと考えるのは非現実的であろう。常に技術開発が進んでいるので、次世代型のエネルギー技術が誰もが予測しえなかった形で実現してもおかしくない。自然エネルギーにしても、原発にしても例外ではない。そのようなことが起こり得るほどに十分な時間である。

しかも過去何度も見たように、不連続な技術の出現はいろいろな予測シナリオを時代遅れにしてしまう。1960年代の初頭に行われた多くの技術予測では、宇宙開発や海洋開発、都市開発などの、当時すでにある程度見えていた既存技術の延長にあるシステム工学的な展開の予測はされていたが、1970年代に出現したマイクロ・プロセッサーと遺伝子組み換え技術は記述されていない。なぜなら、不連続に出現したからだ。しかし、この2つの技術が、

1980年代以降の世の中を大きく変えてきた。

近年の顕著な例は、インターネットだ。その出現は誰も予測していなかった。新しい機器の発明でも何でもなく、TCP/IPという通信プロトコルで既存のクローズド・ネットワークをつないだだけだ。そして誕生したオープン・ネットワークに、パソコンや21世紀に出現したスマートフォン、タブレットがつながり、今やそれらのない生活が考えられないほどに広まった。さらには、ビッグデータ、AI、IoT、ブロック・チェーンなど、ICTというような古い概念では捉えきれない、筆者の言うところのISDT(Internet, Sensor and Digital Technology)を活用する技術が次々と出現した。ほんの10年前には想像もできなかった、不連続な展開が始まっているのだ。同様に、これからの約30年、誰も予測することができないような変化が起こる可能性は大きいだろう。

このような展開もありうることを前提としたうえで、電力の供給[8]に関しては、しばらくは石炭、石油、天然ガス、水力、自然エネルギー、そして原子力など多様な電源をミックスして構成すべきであると筆者は考えている。たとえば、自然エネルギーだけ、あるいは原子力だけといった単独の電源に依存する極端な選択は、経済的で実用的な自然エネルギー時代になると思われる約30年先はいざ知らず、当面は日本全体の電力供給のリスクを考えれば採らないほうがよいと考えている。自然エネルギーが経済的に見合う発電、蓄電、供給のサイクルのインフラが日本中に整備される形で本当に実用化されるまでは、相当な試行錯誤の時間がかかると考えるのが現実的だろう。その間、個別の電力源の持つリスクを分散し、脆弱性を回避する必要がある。それが「卵全部をひとつのかごに入れない」ポートフォリオというリスク分散の発想である。

したがって、原発の有利な点と不利な点を総合的に見極めると同時に、3・11事故から徹底的に学び、後述するような基本的思想の転換に基づいて、安全性の飛躍的向上を思想的にも、システム的にも徹底的に進めることを前提にするならば、「今後30年という時間軸では原発も一定の役割がある」という考え方に今は立っている。

しかし繰り返すが、このまま、なし崩しに原発を再開してよいとは考えていない。再稼働させるならば、「いかなる場合も人命を守る」ことを最優先する方針を打ち出し、それに的確に対応する体制を構築する、しかも十分な議論を通じて国民的な理解を得ることが条件である。そのうえで、多様な電源構成のひとつとして原発を選択することが認められる。その場合、すべての原発の最後に待っている廃炉までのプロセスをどのように進めていくのか、それを国民

[8] 日本の電源構成の推移は次の通り。2010年度――石炭25・0%、石油等6・6%、天然ガス29・3%、その他ガス0・9%、原子力28・6%、水力8・5%、再生エネルギー等1・1%。3・11事故後の2014年度――石炭31・0%、石油等10・6%、天然ガス46・2%、水力9・0%、再生エネルギー等3・2%。経済産業省・資源エネルギー庁『日本のエネルギー　エネルギーの今を知る20の質問』(2016年度版)より。

に分かりやすく提示することも一層重要になってくるだろう。

　この考え方は原発の即時廃止ではないが、けれども、なし崩し的な使用でもなく、むしろ電力供給をめぐる現実を見据えて、新たな状況の出現に対して感覚を鋭敏に保ち、そのつど柔軟に検討しながら、安全で適切な稼働と廃炉のマネジメントを目指すものとして位置づけたい。

エネルギーの需給ミックスは変化を続ける

　ところで、この電源のポートフォリオの考え方は、世間でいう「電源のベスト・ミックス」の発想とは違う。こと電力に関する限り、何がベスト・ミックスなのか明確な根拠に基づいて決めることはできない。つまり、これまでの製造現場よりは、付加価値を作り出す作業の中核であるオフィスや研究所などの企業内「居室」の電力需要の増大や、政策的に拡大する電気自動車の充電、大規模情報処理装置の大量電力使用の進展など、これまで以上に需給構造が変化し続けることは確実であり、需要と供給のバランス、そして、電力の要求品質は常に変化していく。まして電力供給は時間軸の長い設備投資型事業であり、現実的にも、短期間で経済的合理性を保ちながら、ベスト・ミックスを達成することは至難である。

　理屈を言えば、「ベスト」なものはそれ以上の変化をしない。それがベストなのだから変化させる必要はなく、逆に変化したらベストではなくなってしまう。そうした状態を仮定するのは、筆者にとっては受け入れられないスタティック、すなわち時間の止まった発想である。今後もエネルギーの需給ミックスは変化を続ける。どのような比率が望ましいかは、その時々の諸要因に影響を受けるだろう。たとえば、次のようなものである。

技術――安全性、効率性、環境への影響、不連続な出現を含めた新技術の進歩、技術更新にかかる時間と実現性、送配電ネットワーク新設、変革の可能性

コスト――発電および蓄電の単価、施設・設備の投資と償却スピード、施設・設備メンテナンスのコスト、自然災害や施設・設備の事故によるコスト、価格変動による化石エネルギー資源の生産コスト

運営――産業界の国内・国外戦略の動向、需要構造の変化、国・企業の短・長期マネジメント能力、企業間競合による栄枯盛衰、公的支援策、国際・国内政治のダイナミクス

時代状況――エネルギー資源供給のサステナビリティ（持続可能性）、環境保全規制の展開、生活者・消費者のエネルギー利用に関する意識

もちろん、ここに挙げた以外にも諸要因はあり得るだろう。それらを含めて影響を受けながら、エネルギーのミックスの比率は今後も常に変わっていくということである。

原発について不断に考え続けなくてはならないこと

これら諸要因の観点から原発を捉えた場合、いくつか疑問を感じる点があるかもしれない。たとえば、「施設・設備の事故によるコスト」が計り知れないほど大きくなる可能性はないのか。つまり、深刻な事故が起きた場合の人命への影響、国土の汚染、地域住民の生活と故郷の喪失、差別的風評被害などに対する処理・賠償の費用である。これらは金銭的費用では贖えないとさえ言える。

ただ、本書では、「苛烈な事故を二度と発生させないためのシステムをいかに構築するか」に焦点を当てる。その背景には、あらゆる技術には常にリスクがあるが、それを極小化するために限りない改善も可能である、という考え方がある。それがハードウェアだけで解決するのではなく運営システム・ソフトウェアをも統合した「原発システム」の発想である。そして、それでも万一緊急事態が生じてしまった場合、人命の保護を最優先にし、被害を最小限に食い止めるシステムを構築することまでを検討している。3・11事故では、放射線そのものの直接の影響で亡くなった人は事実として確認できないが、短期的な避難やその後の生活と健康管理という運営システムの欠陥が原因で亡くなった人は多い。

また、「施設・設備メンテナンスのコスト」かつ「環境保全規制の展開」として、廃炉や放射性廃棄物処理の費用や困難さをどう捉えるのか、という意見もあり得る。廃炉に関して言えば、現にある原発は廃止・稼働にかかわらず、取り組まなければならない。今後、仮に新規に原発を開発するならば、それは3・11事故の経験を基にした次世代型原発であり、一層の安全性確保に注力するだけでなく、より低コストで簡易に廃炉ができることが条件となることは確実である。少なくともあらゆる場合において徹底的に冷やし続けることができるシステムを追求することは確かである。

放射性廃棄物の処理については、現行で考えられている地下保存で実は安全なのであるが、国民全体の安心感という観点からは不十分かもしれない。要は、技術は停滞することがなく、課題があれば解決策を見つけようとする性格のものであり、その展開をすべて予測するのは不可能ということだ。このテーマに関しても、放射性物質の半減期を短くする技術開発[9]や、現

9 これは「核変換技術」と呼ばれる。原子核を放射性崩壊や人工的な核反応によって他の種類の短寿命（または安定）原子核に変える技術のこと。放射性廃棄物の処分に関わる環境負荷の低減や、処分の効率化を目指す。ベルギーのMYRRHA計画、日本のJ-PARC（Japan Proton Accelerator Research Complex）核変換実験施設、内閣府 革新的研究開発推進プログラム「核変換による高レベル放射性廃棄物の大幅な低減・資源化」などで研究開発が行われている。

在生じているプルトニウムを含めて放射性廃棄物を最終的にゼロにする技術開発[10]も進んでおり、数万年待つこともなく、人間の一生という時間軸の範囲内で現行の処理より安心感が高く安価な方法が見つかることも期待できる。

さらには、「生活者・消費者のエネルギー利用に関する意識」として、周辺の地域住民が原発に抱く不安感、そして3・11事故が収束していないのに稼働させることへの抵抗感などをどう考えるのか、という指摘もあるだろう。これについては、地域住民や国民への、何も隠さない、分かりやすい説明を繰り返し行い、政府の大枠の方針、その根拠、3・11事故以降に取り入れた効果の期待される改善策などについて国民的な理解を得ることを前提としたうえで、各原発の稼働を議論すべきである。

それでも、即時原発ゼロの立場ならば、いずれも納得いかないということもあるだろう。しかし、そこに行動をとどめておくのではなく、思考を深めていかないといけない。「あれはあれ、これはこれ」の発想で、原発を稼働させたケースも想定し、その妥当な運営・管理にはどういうものが可能かを突き詰めておく必要はあると筆者は考えている。そのうえで、反対派と推進派の双方において、こうしたマネジメントの具体的な提案を議論の材料にしていただけると幸いに思う。

以上を踏まえたうえで、まずは福島第一原発の事故発生の状況を振り返ってみよう。

3・11事故の後、議論が起こらないままに

2011年3月11日午後2時46分、東日本大震災が発生した。福島第一原子力発電所も震度6強の激しい揺れに見舞われ、その後は数回にわたって津波に襲われた。午後7時には「原子力緊急事態宣言」が発令され、それは福島第一原発から3キロメートル以内に避難指示が出されたときでもあった。同じ頃、東京は地震の影響でそれまで経験したことのない交通大渋滞になり、鉄道の路線は停止してしまい、後に「帰宅難民」という言葉ができるほどの事態に直面していた。

3・11事故の全貌は、まだ誰にもわからなかった。被災地の住民も、それ以外のテレビで状況を見ていた人々も、日本全体にとって未曾有の重大事態が発生したという認識がなかった。比較的短期間に何とか収束するのではないかと思っていた人々も多かっただろう。しかし、その楽観的な思いは裏切られたのである。それ以後、3・11事故をめぐる問題は数えきれないほ

---

10 トリウム原子炉を指す。トリウムは自ら核分裂を起こさないが、中性子を吸収して核分裂性のウラン233となる。これを燃料にして、連鎖反応を引き起こさせる。長寿命の放射性廃棄物が少ない。プルトニウムなど超ウラン元素を混ぜて燃やせば、しだいに消えて再生されることがない。古川和男『原発安全革命』（文春新書、2011年）、リチャード・マーティン『トリウム原子炉の道——世界の現況と開発秘史』（朝日選書、2013年）などを参照。

ど起こった。そして、いまも引き続いて起こっている。

この3・11事故に対して、ほどなくして政府や東京電力、民間などの組織による調査が始まった。「国会東京電力福島原子力発電所事故調査委員会」（通称「国会事故調」[11]）の委員に筆者も任命され、2011年12月から2012年7月まで事故の解明作業に携わった。その結果は報告書にまとめられ、7月5日に衆参両院議長に提出された。

しかしその後、このすべての政党の合意のもとに日本憲政史上初めて設置された国会事故調で、官僚も「作文」をする事務方としては全く参加せず、したがって最も中立な立場を貫いて書かれた報告書は、いくつかの原発事故に関する報告書と同じように埋もれてしまった。その内容については、原子炉の一部が地震で壊れたのかどうかの点を除いて、大枠で議論が起こることもないまま、ひたすら時間だけが過ぎていった。そして事故後、すでに8年近くの長い時間が経過している。

国の方針や政策を支える思想の必要性

2012年9月、これまで経済産業省の外局であった「原子力安全・保安院」が廃止された。原発の「推進」と「規制」を担当する機関が同じという日本の特殊な状況に対して、世界の動向に合わせるように、両者が分かれて互いを牽制する体制に修正しようとしたのである。

それに代わって、経産省が推進側とすれば、規制側の体制として「原子力規制委員会」と、その事務局として「原子力規制庁」が環境省の外局に設置された。いずれも府省の大臣などから指揮監督を受けず、独立性の高いとされる第三条委員会である。だが、それらのスタッフの大半は原発の推進も担っていた原子力安全・保安院の元職員であった。いわば推進側から規制側に横滑りしただけであることを認識しておくべきであろう。

本来、これらの組織の編成に当たって、法律を作るだけでは不十分である。さらに、組織デザインの基本である、「組織を変える」のではなく、人の意識と行動を本当に変えることを目的とした運営システムにまで踏み込んで、真に新たな体制として創設されるべきであった。3・11事故に至った原因と、それをもたらした仕組み上の欠陥を、縦横斜めに十分すぎるくら

---

11 この目的は「東日本大震災にともなう東京電力福島原子力発電所事故に係る経緯・原因の究明を行う」および「今後の原子力発電所の事故の防止及び事故に伴い発生する被害の軽減のために施策又は措置について提言を行う」ことであった。2011年12月8日に発足、2012年7月5日に国会事故調査委員会報告書を発表。この間、ヒアリングは1167人から900時間、タウンミーティングは3回で被災者計400名を集め、被災住民からのアンケート調査1万人、海外調査は3回である。黒川清（医学博士）委員長と9名の委員で構成された。委員は地震学者、元国際連合大使、元放射線医学の医学博士、元名古屋高等検察庁検事長の弁護士、ノーベル賞受賞の化学者、科学ジャーナリスト、コンプライアンスの専門家の法科大学院教授・弁護士、福島県大熊町商工会会長、筆者。

い吟味したうえで、それらが組織に反映されるのが当然だからだ。しかし、実際の原子力規制委員会と原子力規制庁が設置された経緯と法律を見る限りでは、運営システムに関する記述は全くなく、過去とは違う行動を起こしやすい仕組みになったのかどうか、国民が納得できるほどの説明がされていないままである。

現在、40基近い原発が日本に存在するが、それらの原発に関して、今後の全体方針が明確に示されないまま、なし崩し的に事態が進行しているように見える。経産省の資源エネルギー庁に「原子力政策課」があるが、そのサイトのどこを見てもこれまでと違う新しい大枠の方針も、それに基づいた具体的な政策も明記されていない。3・11事故の反省を基にして国の新たな方針・政策を提示すべきだが、それを課のレベルでやるという発想自体に、我々が直面している課題の重要さに対して、政府の認識と反省が欠如していると思える。

一方、国会事故調では「今回の事故は自然災害ではなく、明らかに人災である」と結論づけた。かねてから国際原子力機関（ＩＡＥＡ）は地震や津波による原発設備への脅威について勧告してきたが、日本の当局者は福島原発に対する保護を十分に行ってこなかったと報告[12]しており、その意味でも確かに「人災」であった。これらの指摘を改めて真剣に検討し、事故後、全国の原発の方針策定に活かすのは、日本政府にとって当然やるべき作業である。しかし現在、そのような作業が進行中だという発表はない。何かの作業を進めているのであろうが、これだけ世論が割れている重要問題であるにもかかわらず、この8年近く、政府は十分な広報を行ってこなかったのである。

いったい全体方針から具体的政策までを立案するのは誰なのか。責任をもってそれを推進する主体は、政府のどの組織なのか。省庁横断的な重要課題であり、経済産業省だけで決めるべきではないのだが、それをはっきりさせないまま、法律上、部分的な権限しか与えられていない原子力規制委員会や、経産省・資源エネルギー庁の一課に過ぎない原子力政策課にすべての問題を任せておけばよいというのだろうか。

原発をめぐる議論でまず求められるのは、それを日本の重要課題として受け止め、社会の価値観というなかなか捉えにくい側面を含めて多面的な視点から判断するということだ。したがって、全体の方針や個々の政策の根底には、功利的な判断を超えてより本質的、普遍的思想が必要である。それはさまざまな人々が参画し、十分に議論したうえで、新たに打ち立てられるものではなかろうか。そして、それに基づいて方針や政策が統括され、長期的な方向性も決められる。そのような段階を順に踏むべきなのである。

振り返ってみると、これまでの8年近い時間はそのために議論し、結論を導き出すのに十分であったはずだ。しかし、そのような基本的思想の大転換は示されず、それに基づいた抜本的

12 「福島第一原子力発電所事故　事務局長報告書」２０１５年８月。(https://www-pub.iaea.org/MTCD/Publications/PDF/SupplementaryMaterials/P1710/Languages/Japanese.pdf)

な体制改革を行うことがないまま時間だけが過ぎている。その間、我々が本当に実現可能だと納得できる解を求めて、意見の異なる関係者が同じ土俵で議論を詰めるということもできていない。

原発システムの枠組みを提示する

しかし、いまの状況をただ嘆いて過ごしているわけにはいかない。筆者は国会事故調の委員としての任期がすでに終わっており、一人の私人でしかないが、もともとドン・キホーテ的性格でもある。そこで、こうした問題意識から、日本にあるべき「原発システム」の枠組みを提示したいと考えた。20数年間、「社会システム・デザイン」という分野の方法論の確立を追求してきたが、その経験を基にして原発をめぐる課題設定とその解決に向けて何かできないか。単なる評論や批判ではなく、これまで我々が長年慣れ親しんできた発想を根本的に転換して、そこから引き出される具体的なアクション・プログラムを提示してみようと思い立ったわけである。

まず国会事故調が終わった後、２０１２年の秋から「勝手事故調」と称して一人で作業を開始した。講演の機会を求めて、いろいろな場で話して回った。聞いてくれる人が３人以上いれば手弁当で出かけていったが、実際は少ないときでも十数人は集まってくださった。繰り返し講演を続けるなかで、自身の理解も深まるだろうとの期待もあった。後ほど詳しく述べるが、この「社会システム・デザイン」の方法論は仮説を作っては壊す繰り返し作業でじわじわと練り上げていくプロセスであり、頭で理解するだけでなく、楽器を演奏するように、体で覚える「身体知」を身に付けていく方法である。今回はその繰り返し作業にあたって、黙って一人机に向かうのではなく、人とやり取りをし、その場でフィードバックを得ながらデザインすることが有効ではないかと考えた。そこで講演をして回り、さまざまな人との直接対話を試みたのである。一方、原子力分野の専門家ではないため、認識不足や間違いも少なからずあり、それらの指摘を受けて修正を行うことができた。

講演は合計40数回、原発についてそれぞれ背景を持ち、さまざまな思いを抱く人たちに出会う機会を得られた。ビジネスマンの集まりから、大学・高校の同窓生の集まり、東大ＥＭＰ[13]

13 将来の組織の幹部、特にトップになる可能性のある40代の優秀な人材を主たる対象にして、これまで国内外のどこの教育機関も提供していない高いレベルの、全人格的な総合能力を形成させる「唯一無二」の「場」を提供することを目的としている。特に、世界中のどのような場所において、どのような場面に直面しても臆することなく、サイエンス及びシステム・リテラシーに基づいた確かな知識と多面的な思考に基づいてその場をリードし、相手の多様な文化的背景を十分理解したうえで、納得性の高い議論を通じて課題を形成し、具体的な課題解決を構築、推進できる強靭さと迫力、そして、文化の違いを超えて人を惹き付ける人間的魅力のある人材の養成を図る。

（エグゼクティブ・マネジメント・プログラム）での講義、そして原子力産業協会や原子力委員会まで多様な場で話をした。講演での聴衆の反応はじつにさまざまであった。筆者の考え方に賛同する人、多少とも理解を示す人もいたが、懐疑的な人、反対の人、非常に反発する人、そもそも原発に無関心な人もいて、そうした状況が原発をめぐる問題の容易ならざる多面性を物語っていた。また、今後何を変えるべきかに関しては、各々が属している組織や立場によって影響されている面もあった。共感してくれる人もいたが、否定的な人もかなりいた。たとえば、この分野は利権の塊だから何も変わらないと諦めている人、これまでのムラ社会の発想から抜けきれない人、筆者の考えをナイーブで政治的リアリティがないとシニカルな見方の人、そもそも批判するにも値しないと無視する人などである。

原発システムを「社会システム」として捉える

この本の目的は、原発システムに関して我々がとるべき具体的アクションの拠り所となる枠組みを提示することにある。それは「社会システム・デザイン」という方法論に基づいて行われる。別の言い方をすれば、原発システムを「社会システム」として捉えて、新たにデザインするということである。

多くの人は、原発システムがハードウェアとソフトウェアの複雑に絡んだシステムであることを理解している。しかし、それはエンジニア任せになりがちな「エンジニアリング・システム」という範囲内での理解ではなかろうか。それゆえ工学的な観点から原発に関して議論が行われ、それによる政策が立てられてきた。しかし、原発の持っている社会的影響を考えると、単なる「エンジニアリング・システム」が意味する狭い定義を超えて、組織、制度、経営、政治、環境、歴史、文化などの要素からなる「社会システム」として捉えるべきであることは明らかだ。そのような視点から浮かび上がってくる課題を定義したうえで、それを解決する方向を示さなければならない。そうすることで、社会全体の幅広い観点から総合的に原発のリスクを極小化するにはどうしたらいいのか、という発想の転換が初めて行われることになるだろう。

では、原発システムを「社会システム」として捉えるには、どう考えればよいのか。まず筆者がいう「社会システム」とは、時間とともに変化していくダイナミック・システムを指している。たとえば「組織」もダイナミック・システムの1つである。組織をデザインするということは、組織の「箱」というハードウェア中心のスタティックな組織図を描くことではない。時間とともに変化する外部環境や内部環境に応じて、組織をダイナミックに動かしていく、「意思決定」、「モニタリング・評価」、「人材育成・配置」の3つのシステムを中心にした「運営システム（Operating System：ＯＳ）」をデザインすることだ。しかし組織をデザインできても、「社会」という巨大で複雑なものをデザインできるのだろうかという疑問が湧くだろう。

その答えは単純明快である。社会とは、それを支える数多くのサブシステムから成り立っている。したがって、社会という茫洋とした存在から、人知でデザインできるサイズのサブシステムを取り出して、それをデザインしていけばよいのである。

ところで、筆者が経営コンサルタントをしていたとき、ある社長からの言葉が心に残っている。「コンサルタントは過去と現在の2つの点を結んで今後はこうなりますというが、経営者は点が1つの時に方向を決めないといけない」。つまり、彼が言いたかったのは「経営とは、ある瞬間ごとに将来の事業環境のダイナミックな展開を掴もうとする意志なのだ」ということである。実際の経営コンサルタントの分析はそれほど単純ではないとしても、この言葉の意味は重い。また、別の社長からは「コンサルタントの分析とは死体解剖みたいなもので、それでは生き生きと活動している事業の状況を掴みきれない」と言われた。これもたしかに一理ある。優れた経営者は、事業および事業環境というダイナミック・システムを直観的に理解しているのだ。

彼らの指摘は、経営学に限ったことではない。経済学や政治学をはじめ、社会科学のほとんどにあてはまるかもしれない。あえて生意気なことを言うと、その対象がダイナミック・システムであるにもかかわらず、それを分析するための有効な手法を見出せないまま、多くの専門家はこれまでの「死体解剖」や単なる時系列的変化の記述を積み重ねているというのが実情ではないだろうか。言い換えれば、そうした分野では、ダイナミック・システムとして捉える新しい方法論が必要とされているということだ。

実際、技術革新によって、その対象を新しい方法論で分析できるようになった分野もある。言語学で起きていることが一例だろう。これまで死んだ人の脳をいくら解剖してみても、人間の複雑かつ神秘的な言語能力を解明できなかった。脳は生きているときしか言語活動をしないのだ。ところが、ｆＭＲＩ[14]という画像診断装置の登場で、生きている脳に電極を刺したりすることなく、脳の言語活動を観察できるようになったのである。

このように、方法論の革新が学問の新たな展開を生む。ダイナミック・システムを捉える方法、またそれを構築する方法を開発することができれば、多くの分野が新たに進展するだろう。そういう視点から、筆者は「社会システム・デザイン」の方法論を構想し、試行錯誤を続けながら開発してきた。そして本書では、国会事故調の委員で経験したことを踏まえつつ、原発システムを「社会システム」としてデザインすることを試み、一定の方向性を見出したいと思っている。しかし、それは学問としてではない。デザインは学問とは違うが、訓練の積み重ねの必要な高度スキルなのである。

以下では、そのための思考と具体的な作業のプロセスを示し、原発システムをデザインする

14　核磁気共鳴（ＭＲＩ）を利用して、脳や脊髄の活動に関連した血流動態反応を視覚化する方法の１つ。

うえで求められる発想の転換について詳細に述べていく。

第1章

「社会システム」としての原発システム

1──「社会システム」と「エンジニアリング・システム」の違い

1・1　ダイナミック・システムとしての原発システム

「社会システム」とは、ダイナミック・システムである。それは過去の影響を受けながら、時間の経過とともに変化をしていくものである。人間をはじめとして有機体（生命体）がその典型例だろう。その人間の集団が活動する疑似有機体である社会、そしてその一部である経済もダイナミック・システムであると言える。どちらも過去の蓄積を基にして、現在の自己を変革していく。

有機体（生命体）は極めて特異な存在だ。遺伝子とは4つの塩基で結びついたＤＮＡの二重らせんでできている。一方のらせんに付いた傷をもう一方のらせんを使って修復し、再現性を保つという驚嘆すべき構造を持っている。しかし完全な再現性はなく、突然変異が起こる。すなわち、未来永劫変わらない、正確無比な構造というスタティックな性質は持っていない。だからこそ変化し、それが進化につながるのである。有機体（生命体）が発生したとき、結晶のように完璧であったとすれば進化はなく、いま、ここに我々は存在していない。

そのようなダイナミック・システムに比べると、無機的なマシーンで構成されるエンジニアリング・システムは、基本的にスタティック・システムである。それは昨日と今日と明日でシステムの作動に違いがなく、全く同じことを繰り返すことができる。故障しない限り、99.99％以上の正確さだろう。言い換えれば、基本的に寸分の違いのない再現性だからこそ、それがエンジニアリング・システムとしての信頼性と品質の証ともなる。しかし、すべてのプロセスはルーティンかつ連続的であるので、自己改良や自己革新はしない。

さて、原発はどうであろうか。先ほども述べたように、これまで原発はエンジニアリング・システム、つまりスタティック・システムとして考えられてきた。日々システムの作動に違いがなく、正確に繰り返すことを想定し、それが信頼と品質の証になった。だから、すべてのプロセスに手順があり、連続的である。このように原発を捉えることに慣れ親しんだ人たちにとって、最初の設計の際に与えられた条件、すなわち「境界条件」を超える不連続は「想定外」

である。お役所の規制という境界条件に頼って構築されたエンジニアリング・システムでは、境界条件が変わらない限り、その中身が大きく変わることはない。しかし、3・11事故では、そうした考え方の本質的欠陥が露呈した。自分で境界条件を考えるのではなく、「お上」からの規制に沿っていればいいという発想自体の欠陥である。しかも国会事故調が指摘したように、お上は「規制の虜」[15]だったのであり、いまになって考えれば至極当たり前のことであるが、お上を構成する個々の役人は適切な境界条件を設定するだけの技術的知見に基づいた能力を持っていなかったのである。

一方、有機体（生命体）や疑似有機体というダイナミック・システムは、時々刻々と変化している。それは過去を引きずり、その影響を受けながら先の予測のつかない形の変化である。近年、地球温暖化で関心が高まっている気候変動[16]がその例である。これまで以上に人間が遍在し、その活動が大規模化するという新しい要素が大きく影響するようになってきた。これ

15 規制する側が規制される側に取り込まれて、規制される側が規制する側をコントロールできてしまう余地が生まれること。

16 過去の地球史を見る限り、地球環境の変化は超長期の時間軸では循環的である可能性が高い。しかし、地球史よりよほど短い人類史という時間軸で見ると、現在は一方向へと変化している時期である。

は気象システムというダイナミック・システムにとって、少なくとも人類史という時間軸の範囲内では未経験の状況である。

この変化に対する直接的な対策として二酸化炭素の排出コントロールなどが行われている。ただ、それはエンジニアリング・システムというスタティック・システム的な取り組みにすぎない。一歩踏み込んで考えれば、人々の暮らし方や健康維持にさまざまな影響を及ぼす気候変動に対して、その範囲だけで解決できるはずがないことは明白だ。その対策を取り巻く経済、政治、風土、文化などの多様な要素が関連し、因果関係を持ちながら変わっていく、ダイナミック・システムとして考えるべきである。個々の要素の吟味を超えてそれらが関連するシステムとして発想するのである。

同じことが原発システムにも言える。原発システムも多様な要素が関わりながら変化していくものだ。ここに原発システムをエンジニアリング・システムではなく、「社会システム」として捉えるべきだという理由の一端がある。

1・2 「意思決定」「モニタリング・評価」「人材育成・配置」システムの不在

3・11事故の原因をめぐって、地震か津波かという議論がある。これはエンジニアリング・システムの見地からは、明確に結論を出す必要があろう。しかし、「社会システム」として原発システムを捉えると、その議論の答えは全く異なるものとなる。

まず事故が起きた背景として、エンジニアリング・システムからの問題点を見てみよう。たとえば、原発という新しい分野での経験不足、設計の未熟さやミス、前提条件の変化、運用手順の不備、技術継承の不徹底さなどが、運転を開始してからだんだんと分かってくる。しかし、それらが明白になっただけでは、具体的な対策へ進むことはできない。そこで必要となるのは、エンジニアリング・システムとは違う組織運営の基本である3つのシステムである。すなわち、それらの問題点を事業経営の観点から吟味し、改良・改善の実施を決める「意思決定」システム、その進捗を管理する「モニタリング・評価」システム、さらに必要な能力を持った適材を揃える「人材育成・配置」システムである。これらは、本書の言う「社会システム・デザイン」の一部である組織デザインの問題に関わるが、日本の原発システムにおいては、その重要さが長年、十分に認識されてこなかった。

この点について、2つの具体例から説明ができる。1つは、バルブの開閉に関するものだ。3・11事故では、地震ですべての外部交流電源が喪失したために、非常用電源に依存しないといけない状況になった。しかし、この非常用電源がその後の津波によって浸水してしまい、使えなかったのである。全電源喪失の場合、原子炉容器から復水器に蒸気を流し、冷やして水にして再び原子炉容器に戻すのだが、そのためのパイプのバルブが自動的に閉じる設計となっていた。事実、1号機はそのような設計になっていた。もしそのバルブが開いていれば、冷却がある程度できて、1号機の水素爆発はあのような形では起こらなかっただろう。そして2号機、3号機の水素爆発も起こらなかった可能性がある。

しかし、緊急時には何を差し置いても「冷やす、そして冷やし続ける」という対応上、全電源喪失の際にバルブが閉じるよう設計されていることが問題ではないか、と誰も指摘してこなかった。なぜなら、そういう危機的事態を想定していなかったからである。また、非常用電源までも失うという事態を想定した演習がなかったため、バブルが閉じてしまう状況を体験した作業員もいなかった。これはエンジニアリング・システムの欠陥を見つける組織の運営システムが機能していなかったということだ。

もう1つは、非常用電源の設置をめぐるものだ。福島第一原発では非常用電源を提供するディーゼル発電機12基が防水対策のないタービン建屋の地下室に並置されていた。もっと問題だったのは、その多くが水冷式エンジンであったが、それを海水で冷却するために、揚水ポンプが海面から数メートルの高さで横に並べた設計になっていた。したがって、津波に襲われると「1つこければ、みなこける」という状況だった。これは明らかに初期段階における設計判断の拙さである。ただ、その問題に気づくのは大して難しいことではない。当然、事故が発生する前から、東電は気づいていたはずである。なぜなら、エンジニアでなく素人でも分かるようなリスクの問題であるからだ。後述するように、東電は「多重・多様防護」と称してきたが、通常このような並列配置は「多重」ではあるが「多様」とは呼ばない。他の分野ではこのような「多重」を避けるのは常識だ。

これらの点でも分かるように、かねてより福島第一原発の状況は抜本的に見直されることがなかった。運転開始から40年間も改善されないまま、ずっと放置されていたわけである。問題に気が付いた個人はいたのかもしれないが、組織としてそれを取り上げることはなかった。東電の組織はそういう「意思決定」システムになっていなかったのだ。これは組織デザイン的欠陥である。

しかも東電だけでなく原子力安全・保安院も、この問題に着目して対策を打ってこなかった。そして地域住民も十分な知識がないせいもあり、対策を要求しなかった。しかし、これは東電、あるいは当事者である個人が責任を追及されるような問題ではないと考える。また、エンジニアリング・システムだけの問題ではない。むしろ、そういう初期段階の欠点を継続的に改善していくことを、当事者意識を持って常に見直し、議論し、意思決定し、対策を実施し、一部の専門家だけではなく幅広い関係者が経過を監視する仕組み、すなわち、筆者の言う「社会システム」が十分機能しなかったことこそが問題であった。

これは、高度な先端技術の問題ではない。通常の組織にあるべき「意思決定」「モニタリング・評価」「人材育成・配置」のプロセスが、東電、そして政府という組織において、明確な形で存在しなかったということにすぎない。たとえ存在したとしても、それはエジニア任せにされていたに違いない。これまで原発に関わるいくつかの組織には、おしなべて組織デザインの基本である、この3つのシステムを組み立て、運用する能力がなかった。この点を見逃さないためにこそ、原発システムを「社会システム」として捉えるべき理由があるのだ。

原発事故の原因は地震か津波かという「あれか、これか」の議論が決着しても、そこからは、こうしたシステム欠陥は見えてこないだろう。エンジニアリング・システムを超えた「社会システム」の視点を持つとは、このようなことなのだ。別の視点から言うと、とかくエンジニアリング・システムがハードウェア思考であるのに対して、「社会システム」は運営システムというソフトウェア思考である。したがって、「社会システム」として発想することは、ソフトウェア思考を大事にするという意味でもある。

2――ゼロ・リスクの非現実性

2・1　境界条件を作りかえる

原発の問題を扱うに際して最初にやるべきなのは、これまでの境界条件を否定し、より安全性の高いものに作りかえることだ。そして、そのためには新たに我々の直面する真の課題を設定しなければならない。原発システムで絶対にやってはいけないのは、既存の境界条件のまま「問題の裏返し」的な対策を推進することである。

しかし、東電や政府では、今回の事故を多面的に吟味し、先の方向を見極め、それを基に新しい境界条件を決めるという重要な作業は実行されていない。そればかりか、この間、「専門家」と称する人たちが、全体的な見通しのないなかで、「問題の裏返し」的な対策を進めているように見える。専門家の多くはエンジニアであり、エンジニアリング的問題を追求・発見し、その裏返しの解決策を実施するのは彼らの典型的な行動である。エンジニアリング・システムの範囲内であれば、それは間違いとは言えない。その基本的な発想は、問題に対する改善・改良の連続であり、その結果、時として「エンジニアは小さな間違いは犯さないが、間違うときには大きく間違う」ことが起こるのである。多くのエンジニアにとって設計に必要な境界条件とは、通常与えられるものなのだ。彼らは境界条件の設定に十分に関わらない。だから境界条件が間違っていれば、設計もその改良も自動的に間違っていく。福島第一原発に関する限り、地震や津波がほとんどないアメリカにあるゼネラル・エレクトリック社（GE）が境界条件を決めたのであり、日本のエンジニアが関わったわけではなかった。

国会事故調の委員として、今回の事故に関するインタビューを数多くの人々に実施した。政治家、中央官庁、地方自治体の首長や行政官だけでなく、さまざまな専門家にもあらゆる角度から話を聞いたが、その結果強く感じたことがあった。専門家はその専門分野には熟知しているが、その専門分野を超えて多面的な知識、経験、洞察、それらに基づいた社会的に普遍性のある価値観を持っているとは限らない、ということだ。多くの専門家には、通常のエンジニアリング・システムを超えて、「社会システム」としての原発システムを扱うという発想と能力は専門外であるから、そのための訓練を受けていないわけである。

3・11の事故以後、原発の再稼働が進められている。しかし、再稼働させるというならば、その前提条件としてこれまでの「法律・規制を守った運転」から「絶対に人を事故に巻き込まない運転」へと関係者の発想を大きく転換することが、最も必要だと考える。それに基づいて、新たな境界条件が作られるべきだ。しかし、だからといってゼロ・リスクということには決してならない。このことが政府をはじめとして、人々の間で十分に合意されていない。もともと現実的でなかった「安全神話」と称するものが3・11事故で崩壊したにもかかわらず、いまだにゼロ・リスクを要求するのは、我々の生活する、ある意味でリスクのあふれた社会の通念からしても、あるいは、技術というものの性格からしても非現実的な願望である。

人間が作り上げる構築物には、たとえばオフィスビル、商業施設、工場、ダム、橋、トンネル、スタジアム、高速道路などがあるが、それらにリスクが全くないことはあり得ない。また、移動手段である自動車、飛行機、船、鉄道なども統計的に見て、一定の事故を起こすと見なされている。したがって、原発もその例外ではない。今回、それが改めて明白になったことを直視すべきだろう。

2013（平成25）年5月13日の参議院予算委員会で、安倍晋三首相は大久保潔重議員（当

時）の質問に答えて、次のように発言している。

一昨年のあの東京電力福島第一原子力発電所の過酷事故の反省として、まずこの安全、絶対安全ということはないんだということであります。そして、その中において対策をしっかりと考えておくことが極めて重要である［…］。はたして、では40年間そうであったかといえば、そうではなかったというところに我々の反省がある［…］女川の発電所は、ここはまさにああした高い津波が来ることにも耐え得るように大変高い地点にこれは発電所を建設した、かさ上げをして発電所を建設したわけでありました。では、あの女川を作った時に福島第一の方はそれでいいと、このままでいいかどうかという、もしその時にもう一度見直す機会があればああしたことは起こらなかったのではないか、こういう思いも我々にはあるわけでございまして、こうした反省の上に立って我々は原子力政策も含めてエネルギー政策を進めていかなければならない［…］。（傍点筆者）

ここで述べられている見方は間違っていないのだが、政府には「こうした反省の上に立った」実行が伴っているようには見えない。結局のところ、境界条件を見直さないまま、エンジニアリング・システム発想での、旧来の発想から抜け切れない方法論のままであり、ゼロ・リスクはあり得ないが、人命への影響は極小化できるという認識に沿って新たな境界条件とそれを追求する方法論を作り上げていないからだろう。本書で言う「社会システム・デザイン」では、それを成し遂げるためのアプローチを行うのが目的だ。

原発は常にリスクを持っている。それを政治家、官僚、原発関係者、そして国民であれ否定しないはずだ。そして状況によっては「極めてリスクの高いシステムである」ことを基本的な認識としなければならない。原発を再稼働させるならば、それを出発点にして、リスクを極小に抑え込む努力を絶えず追求する。万一事故が起こったときには「いかなる場合も人命を守る」ことを最優先する体制をとれるように準備しておく。そうした改善を日頃から続けるべきなのである。

2・2　リスクと危険の違い

「リスクがある」と「危険がある」は異なる。「株式投資はリスクがある」と言うが「株式投資は危険だ」とは言わない。この場合、「リスクがある」とは、株が上がると思って買ったが、逆に下がってしまって損をするなどである。すなわち願望であれ、慎重な分析に基づいた決断であれ、自分の想定とは違う結果になるということだ。ちなみに、ブレーキのない自転車は「危険である」が「リスクがある」とは言わない。だから禁止されるのだ。

そういう観点からは「原発は危険ではないがリスクがあり、そして、リスクが現実になれば壊滅的になりかねない」と理解すべきだ。したがって、そのリスクを人知の及ぶ限りコントロールする仕組みを作る必要がある。「想定外」を想定し、それでも事故が起こった場合、地域住民への悪影響を最小限に抑え込む対策を、きめ細かく実施できるようにする。技術を超えた社会の意識変化なども含んだ、広い意味での境界条件を見直し、それに沿って全体のシステムを組み立て、不断なく改良する。それがここでいう「社会システム・デザイン」である。

「止める、冷やす、封じ込める」は、原発における緊急事態発生時に最優先されるべきであることは論を待たない。しかし、それを達成するためのエンジニアリング・システム的な発想のみによる境界条件のもとでは、いくら対策を強化しても不十分なのは明らかだ。リスクをゼロにできないとはっきりと認めたうえで、「いかなる場合も人命を守る」という、エンジニアリングのみでは達成できない境界条件を設定すべきなのだ。それによって、これまでのように原発を発電のための装置というハードウェアを中心に捉える発想から抜け出すものとなる。

さらに言えば、「いかなる場合も人命を守る」という境界条件の設定には、原子炉分野の学者やエンジニアだけでなく、国民の多くが素人であっても当事者として関わることが必要となる。リスクを極小化する努力を続けながら、いったん事が起こったときには、人々の命を短期的でなく、中・長期的にも守るという発想がその根底にある。その場合、我々一人ひとりが受け身のまま、事が起これば人のせいにするという、人任せの発言をしているだけでは成り立たないだろう。誰もが自分のとれるリスクを能動的に決めるという姿勢を持たなければならない。

原子力規制委員会も「いかなる場合も人命を守る」という大前提を明確にしないまま、ハードウェア中心のエンジニアリング・システムとしての必要条件をチェックしただけで再稼働を認めるならば全く不十分である。技術のロジックだけでなく、日本の文化、歴史、風土なども考慮して、「社会システム」して原発システムを捉えるように発想を転換すべきなのである。

3――「社会システム」の定義

3・1 「社会システム」とは「生活者・消費者への価値の創造と提供の仕組み」

これまで「社会システム」という言葉を繰り返し使ってきたが、ここでその概念をあらためて考えてみよう。本書では「社会システム」とは「生活者・消費者への価値の創造と提供の仕組み」と定義する。（図1-1）

多くの学者や政治家、ビジネス関係者の思考の元には、伝統的な「産業」という縦割りの視点が無意識のレベルも含めて根強くある。「社会システム・デザイン」は、その縦割り発想からの脱却を前提とする。既存の産業分野、省庁および業界団体、学問分野を横断し、横串を刺

図 1-1　既存の産業に横串を通す「社会システム」

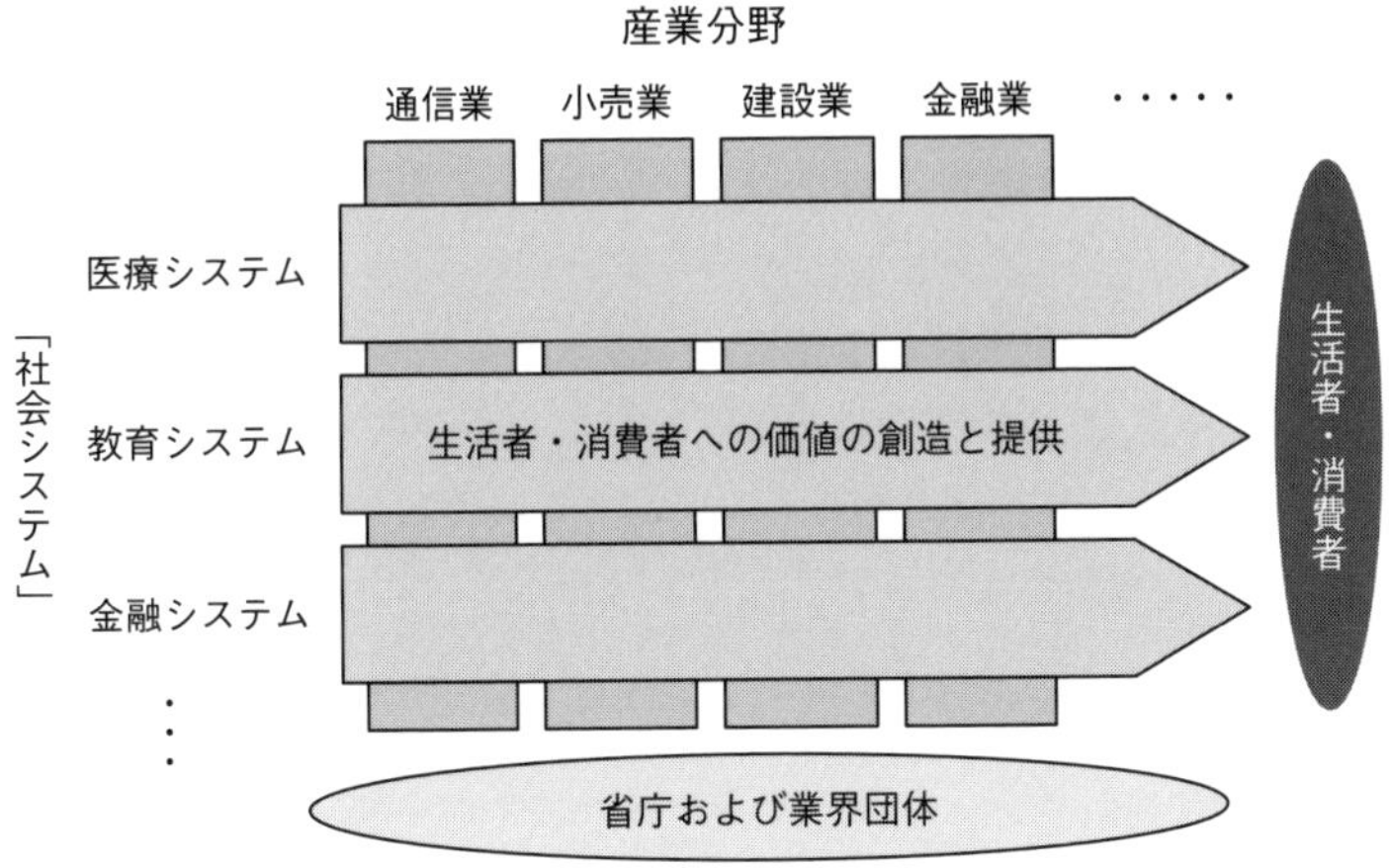

す発想である。それは、グローバリゼーションという地域の「相互連鎖」の進行と同時に、産業や学問で現在急速に進行している分野間の「相互連鎖」を効果的に捉える発想でもある。

これまでの縦割り体制による発想では、課題を正確に捉えて効果的に対処するということができない状況が広がっている。縦割りの局所最適化の総和が全体最適になり得た高度成長期のメンタル・セットから抜け出して、「相互連鎖」という新たな時代の課題設定をしないといけなくなって久しい。そのためには誰の目にも見える表面的現象の裏にある「中核課題」を見つけ出し、明確に定義することが極めて重要だ。しかし、単一の専門分野の知識だけに頼っていては、分野間の「相互連鎖」という、新たに出現しているインタラクティブな状況をうまく掴めない。「中核課題」という本質を掴んだ課題設定ができず、表面的現象を課題と捉えてしまったまま、具体的な課題解決へ向かって動き出すと、安易な「問題の裏返し」的対応になりがちだ。相互連鎖が進む経済活動の実態を捉えるには、産業間に横串を刺す「社会システム」という発想に転換する必要がある。

また、この発想は供給者から受益者（生活者・消費者）への視点の転換である。もちろん「生活者・消費者からの発想」は別に新しい概念ではない。経営の分野では昔から言われていたことだ。「顧客志向」「お客様第一」を掲げる企業はたくさんある。ただ、連呼するわりには十分に実行できていなかったのが実態だ。その理由は、このような発想を具現化する手法と、その持続性を保障する枠組みが伴っていなかったからである。企業だけでなく、政府、官僚機構、そして社会全体も生活者・消費者からの視点で行動する手法と枠組みを持っていないのが現実だ。

3・2 「技術のロジック」と「社会の価値観」

なぜ「社会システム」と言うのか。それは「社会システム」とは、「技術のロジック」と「社会の価値観」の両方が関係したシステムであるからだ(図1-2)。しかし、「社会システム」にもいろいろなものがある。そのシステムに技術のロジックと社会の価値観がそれぞれどのような比率で関わっているかは、システムごとに違って一様ではない。たとえば、通信システムや電力供給システム、交通システムなどは技術のロジックが優先するが、社会の価値観も影響する。それが多くの場合、禁止を含めた規制という形になる。日本やアメリカのインターネットと中国のインターネットが技術のロジックで大きく違うということはない。しかし、中国は中国共産党の価値観に基づいた情報規制をしている。

一方、訴訟システム、教育システム、徴税システムなどは、技術のロジックにあまり依存しない。それよりも社会の価値観の影響が大きい。一時期、議論になったゆとり教育の是非の例を考えてみるとよい。それ自体、何が「ゆとり」なのかの定義の曖昧さも絡みつつ、それは伝統的な教育環境に対する日本人の価値観の問題であった。他国では同じような議論にはな

図 1-2　多様な社会システムの分布

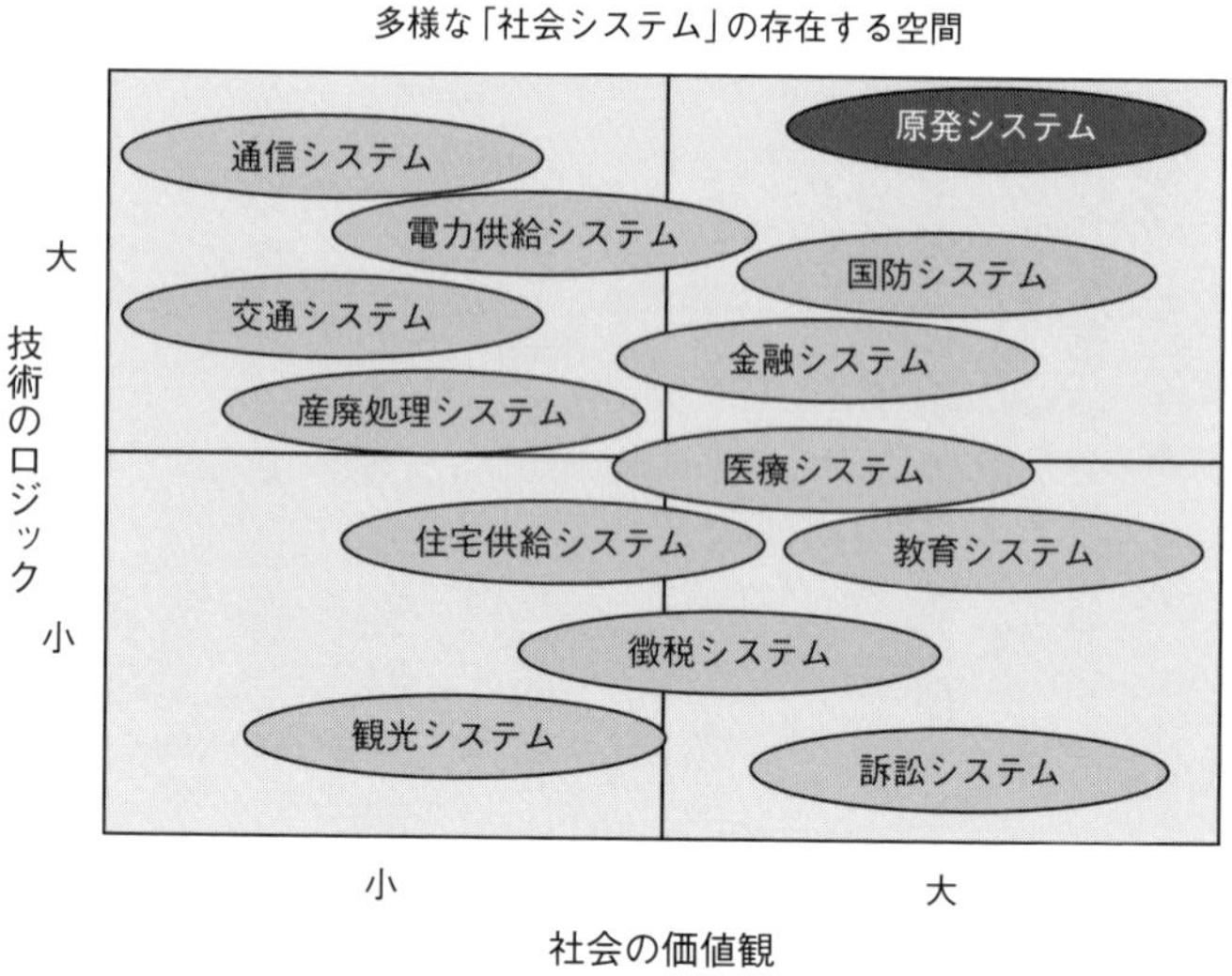

らないだろう。そもそも、ゆとり教育を英語やその他の外国語に翻訳するのも難しい。

そのような多様な「社会システム」のなかで、技術のロジックと社会の価値観との両方の影響が最も大きく、複雑なのが「原発システム」と言える。誰にとっても扱いの最も難しい「社会システム」なのである。原発問題に関して発言する人たちも、技術のロジックと社会の価値観の両方をバランスよく知って議論すべきなのであるが、そのことに対して十分な認識がないようだ。当然、議論を進めるための争点をはっきり位置づける枠組みもない。それだけでなく、専門家、学者、政治家、ビジネスパーソン、そして専業主婦など、さまざまな立場の人たちの原発システムに対する知識と理解のレベルは、他の社会システムと比べて格段にばらついているため、議論が展開しにくいのが実情だ。

3・3　原発という課題に答えるために

原発の議論を見ていると、それぞれが立場や経験による信条に基づいて、原発システムの技術のロジックと社会の価値観のどちらか一方の理解をもとに主張しているようだ。議論の全体感を持ちにくいテーマであるため、どこに辿り着きたいのか不明なだけでなく、最初から議論はかみ合っていない。

一方、政府は電力供給の責任、電力会社の経営基盤の問題など、別の視点に基づいて原発再稼働の作業を進めてしまおうとする。このままでは達成すべき全体像が誰の目にもはっきりせず、政府による「なし崩しのすり替え」がいつの間にか進行しかねない。

冒頭から原発システムは「社会システム」であり、時間とともに変化するダイナミック・システムなのだと繰り返してきたが、そのことに十分納得できたかと言えばそうではない。これまで世間では社会システムを明確に定義しないで、社会全体を捉える便利な表現として使う傾向があった。誰も何となく分かったような気になっていた。

ちなみに、本書で言う「社会システム」と、社会学者や経済学者が定義するそれとは異なる。彼らは社会全体を社会システムと定義している。人知を超えた複雑なシステムだ。だから社会システムはデザインできないと考えている。デザインする意思を最初から持ってはいないのだ。

それに対して、ここで言う「社会システム」は社会全体から人知で扱えるサイズの部分を取り出して、デザインする方法を念頭に置いている。したがって、社会学者のいう社会システムと筆者の言う「社会システム」とは同じではない。しかし、その「社会システム」を具体的にデザインする方法を理解していないと、社会学者の言う社会システムとの違いがなくなり、現実から遊離した一般論に終始してしまいかねない。原発システムに関しても、それをきちんとデザインする作業をしないまま、議論を繰り返していては、前向きの展開のないいまの膠着状況から抜け出して、多くの人々が納得感の持てるような現実的解決に向けて前進することができない。

しかし、話は簡単ではない。ダイナミック・システムを理解することも難しいし、ましてそれをデザインするのはいっそう難しい。とはいえ、それを完璧ではないにしても、可能な限りデザインすることを目指している。まず一歩を踏み出すことが大事だ。

原発システム・デザインという課題に対してきちんと答えるためには、「生活者・消費者に対する価値の創造と提供の仕組み」という「社会システム」の定義を明確に理解することが必要だ。技術のロジックと社会の価値観をバラバラではなく、一体として捉える。それを筆者が開発したデザインの方法論を活用し、デザインする。そうすれば、これまでの延長ではなく、いま置かれている状況で、少しでも理想に近づいた現実解を見つけることになると筆者は信じる。

4——「社会システム・デザイン」の方法論

4・1 「デザイン」とは何か

ここで「社会システム・デザイン」の方法論を提示する前に、最近の流行りのわりには曖昧に使われている「デザイン」も定義しておく。デザインとは雑多でバラバラな、しかし互いに関連する要素群を全体として辻褄が合い、期待した機能を発揮するように「統合(Integration)」する作業である。ここで言う統合にはロジカルな要素とロジカルでない要素、たとえば、文化的伝統、風土、願望・意思などの両方が含まれている。すべてがロジカルな要素の統合はストラクチャリング、すなわち、「構築」と呼ぶべきで、デザインとは呼ばない。当然のことながら、「デザイン」は演繹的アプローチでも、帰納的アプローチでもない。仮説設定・検証型(Abductive)のアプローチと呼ぶべきである。統合のためには要素を深く理解する必要があり、そのための分析はある程度必要だが、分析の結果から自動的に統合につながることはない。分析をすることと統合することは不連続な関係にある。分析力があるからといって、デザイン力があるとは限らない。少なくとも分析を通じて見つけた「問題の裏返し」の解は、優れたデザインにはならない。しかし、得てしてそうなりがちなのは、分析に比べて統合という作業がかなり難しいからである。「発想力」という優れた仮説設定能力が必要だ。本当に質の高いデザインは、長期かつ豊富な経験による知恵を集積した高度技能である。

分析には明快な方法論と分析ツールがあり、しかもそれを体系的に組み立てることはできる。それを基にして、多くの人が同じように分析できるよう訓練することは可能だ。すなわち再現性のあるスキルである。しかし、統合という作業はそうはいかない。分析と同じように、システマティックな訓練が可能なスキルではないのである。再現性のある、訓練できる体系としてのデザインの方法論は明確には存在しない。

このように方法論が存在しない場合、唯一の「方法論」は仮説を設定し検証することの繰り返し作業しかない。何度も手を動かして描きながら、目と頭で確かめる作業だ。ある仮説を持って組み立ててみる。その結果をよく吟味してみて、認められない部分を改良、修正する。どうしても納得できない場合は、その仮説を捨てて新たな仮説を作り出し、それに沿って検証作業を繰り返していく。そのようにして練り上げていくのが統合という作業である。繰り返し作業は時間がかかるが、無限に続けることはできない。デザインは芸術ではない。芸術家の作業と異なり、期限内に解を出すことが求められる。

期限内に完成させるには、少なくとも作業ステップに従って作業の進行を管理する必要がある。その場合、作業ステップごとの全体のなかでの位置づけと達成すべき目標を明確にしておくことが大事だ。このようにして作業進行はある程度管理できる。しかし、作業がステップに従って済々と進むということはない。ステップを行ったり来たりすることがしばしばある。思考は時間とともに「発酵」するからである。最初ではなく後で思いつくことはよくある。

4・2　「社会システム・デザイン」の5つのステップ

このようなデザインの性格を理解したうえで、「社会システム・デザイン」の実際の作業を見てみよう。次のような5つのステップを踏んで行う[17]（図1-3）。

ステップ1：「悪循環」を発見し「中核課題」を定義する
ステップ2：「中核課題」に答える「良循環」を創造する
ステップ3：良循環を駆動する「サブシステム」を抽出する
ステップ4：サブシステムごとの行動ステップを記述する
ステップ5：行動ステップを必要に応じてツリー状に分解する

このプロセスには、4つのカギとなる概念がある。「悪循環」「中核課題」「良循環」「サブシステム」である。特に、「悪循環」「良循環」は、ダイナミック・システムの本質である時間軸による変化を捉える概念である。

さらに、この方法論を支える3つの仮説がある。まず「社会的現象のほとんどはダイナミッ

17　拙著『循環思考』（東洋経済新報社、2012年）も参照。

図 1-3 「社会システム・デザイン」の５つの作業ステップ

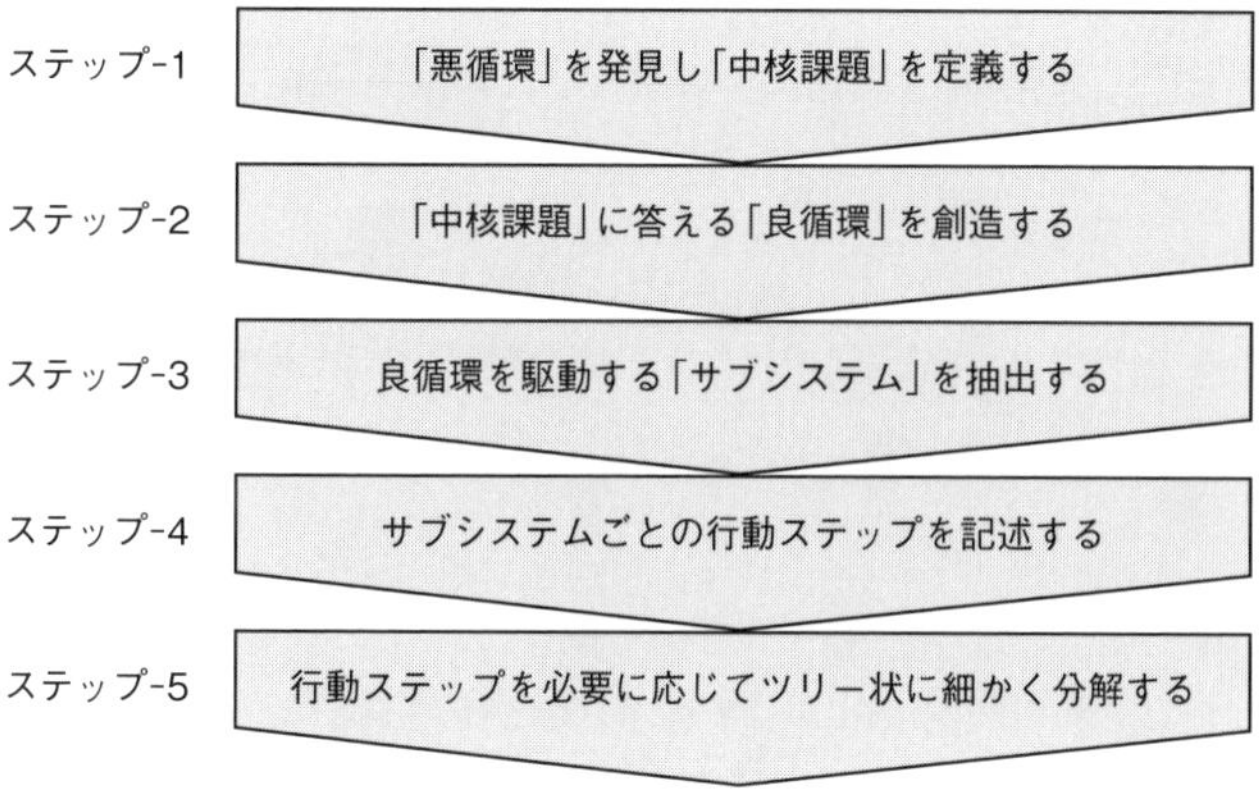
ステップ-1
「悪循環」を発見し「中核課題」を定義する
ステップ-2
「中核課題」に答える「良循環」を創造する
ステップ-3
良循環を駆動する「サブシステム」を抽出する
ステップ-4
サブシステムごとの行動ステップを記述する
ステップ-5
行動ステップを必要に応じてツリー状に細かく分解する

図 1-4　ステップ 1 のモデル：中核課題の定義と派生する複数の悪循環の発見

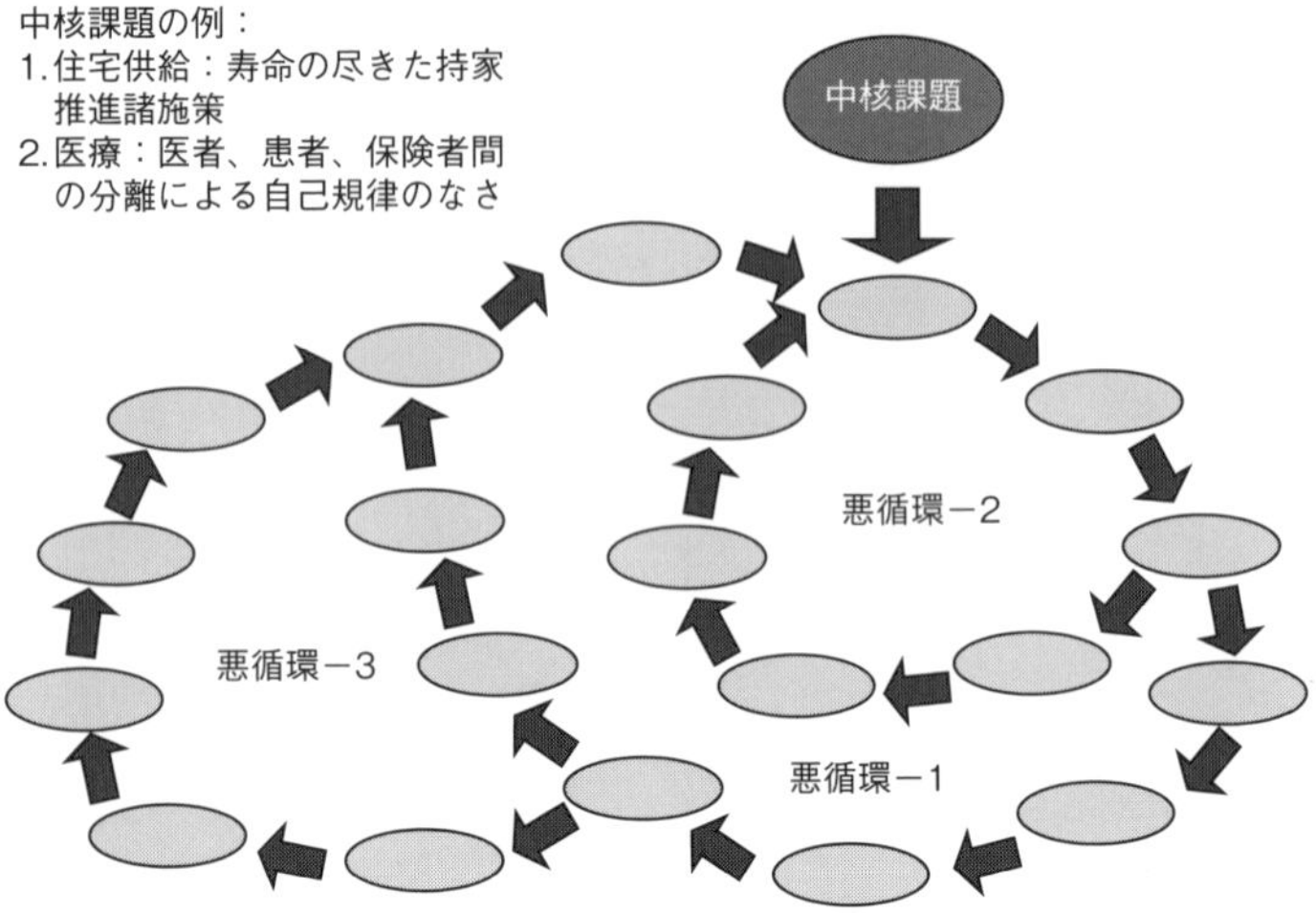
中核課題の例：
1.住宅供給：寿命の尽きた持家推進諸施策
2.医療：医者、患者、保険者間の分離による自己規律のなさ
中核課題
悪循環－2
悪循環－3
悪循環－1

ク・システムであること」、そして「その時間軸による展開は循環的であること」、しかも「同じところに帰ってくることはなく、循環しながら段々と悪くなるか、あるいは良くなるかのどちらかしかないこと」である。厳密に証明することは難しいが、経験的にいって妥当であると考えている。なお、これまでいろいろな社会的現象や課題で試した限りでは、どちらかの循環が巡っていないという状況はなく、しかもすべての場合で「悪循環」を発見することができた。

まずステップ1の作業では、誰の目にも明らかな、あるいは分かりきった表面的現象を循環的に表現するのではない。「悪循環」を発見し、現象の背景にある本質的課題である「中核課題」を定義することが目的である（図1-4およびコラム1）。この中核課題の定義こそが、まさに課題設定なのである。

コラム—1

少子化対策をめぐる悪循環

悪循環の例として、日本における少子化対策をめぐる悪循環について考えてみよう。何もやっていないわけではないのに、日本で少子化対策がいっこうに成果を上げられないのはなぜか。外から見る限り、腰の据わった政策や制度設計が強力に推進されていないことに問題がありそうだ。そこで、「政府の担当者が常に交代して何ら経験や知見の蓄積が行われていないこと」が中核課題仮説であるとした。そして、この仮説を基にどのような悪循環が巡っているかを描いてみた（図1）。これをふまえて事実関係を調べ、このような悪循環とは言いがたいということになれば、新しい中核課題の仮説を基にやり直すことを繰り返して、誰もが気が付いていない中核課題を発見するのである。

ちなみに、あるグループで一緒に日本の少子化対策の悪循環について考えたとき、その中の一人は、「少子化が進む」→「人口が減る」→「税

図1　ステップ1（悪循環の例：少子化対策）

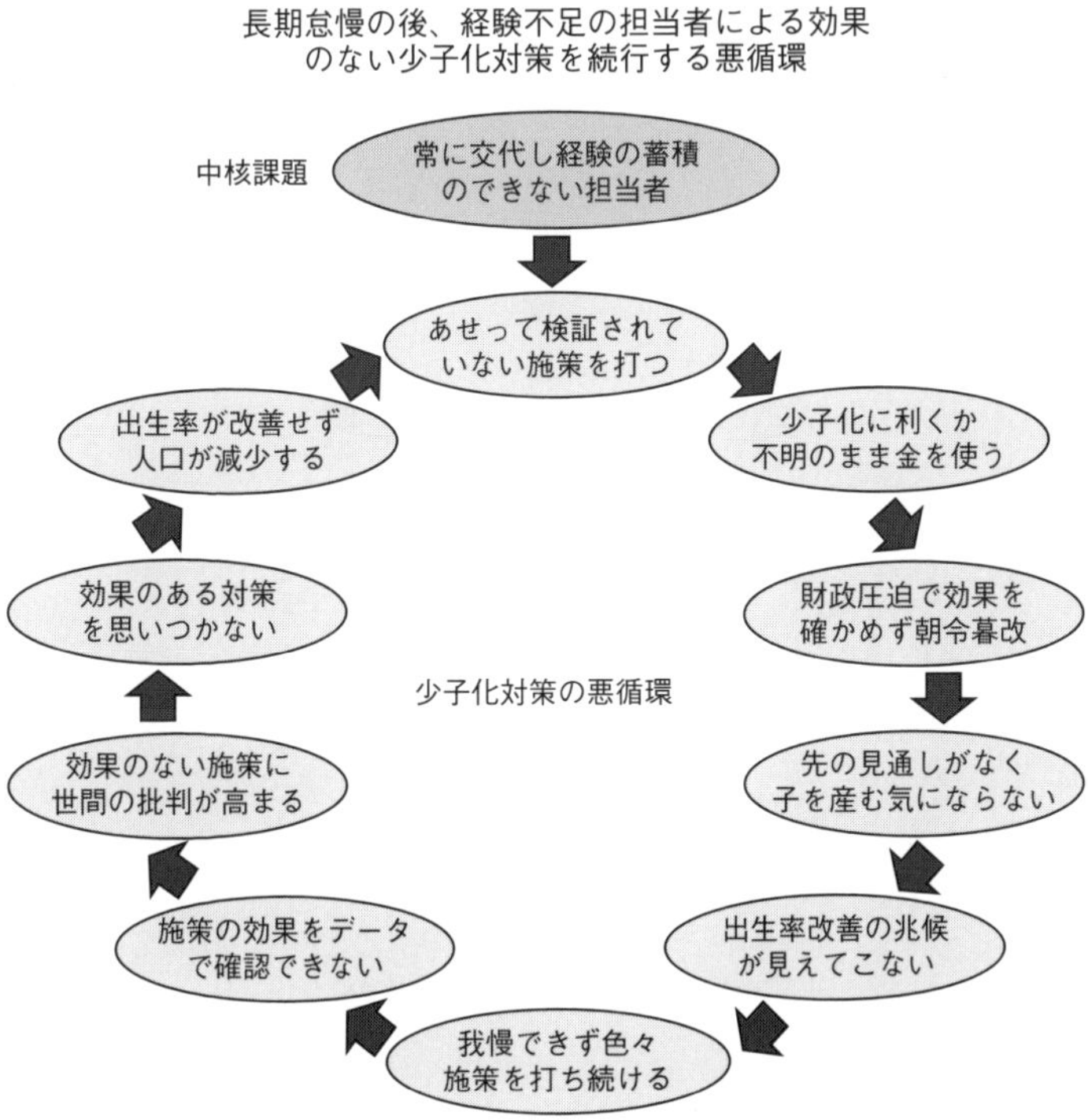

column・1

収が減る」→「予算がとれない」→「少子化対策が打てない」→「さらに少子化が進む」という悪循環を書いていた。たしかに因果ループとして間違ってはいない。しかし、これでは現象をそのまま並べているにすぎない。ここから何か新たな中核課題が見つかりそうにはない。おそらく書いた本人もあらためて眺めてみて「誰でも分かっている」ことだと反応するしかなく、中核課題の発見を求めて書き直すことになった。最初はそういうレベルからスタートしてよいが、繰り返し作業をすることで発想が広がり、中核課題仮説が湧いてくることを経験するのが、「社会システム・デザイン」の訓練の基本である。

現象の背後にある中核課題を発見するまでは、とにかく中核課題の仮説を作ってはそれに基づいた悪循環を書き、納得できないと壊す作業の繰り返しが必要だ。その作業を通して、じわじわと表面的現象ではない中核課題が凝縮するように分かってくることもある。

このように、悪循環を書き直し、中核課題を発見して初めて、「問題の裏返し」ではない形の「良循環」を創造することができる。これがステップ2の作業である（図1-5およびコラム2)。しかし、この作業はそう簡単ではなく、時間をかけて繰り返し考えないと良循環は出てこない。じわじわと分かってくることもあるが、「ああそうか」とひらめくこともしばしばある。この中核課題に答える良循環をいろいろ試行錯誤しながら考えることは創造行為である。時間を十分かけて何度も考える。それによっていくつかの良循環が出てくる。そのなかで優れていると思うものを選ぶのである。

しかし、「良循環」を創造してもそれで完成ではない。新しい良循環は、当然のことだが、現在、世の中に存在していない。すなわち、自然に巡っていないのである。したがって、ステップ3の作業に進んで、その良循環を現実に巡るようにするために、それを駆動するエンジンを抽出する必要がある(図1-5、コラム2)。それが「サブシステム」である。全体がシステムであるからその一段下のレベルのシステムを取り出すわけである。経験的にはサブシステムは3つ程度が適当だ。サブシステムを動かすには、かなりのお金と人手がかかる。当然、それほど数多くは作れない。しかし2つで回すのはパワー不足になりがちだ。

これらのサブシステムは、新しい良循環をゼロから回すのが目的である。ステップ4の作業では、そのことに関わる人々の具体的な行動ステップを記述する(図1-5)。まずは、これまで関わりのなかった多くの人々を巻き込まないといけない。そして、良循環を作り出すような行動に駆り立てるのである。したがって、誰にとっても自分がとるべき具体的行動が明解に分かるものを作る必要がある。

図 1-5　ステップ 2 のモデル：良循環を支える階層構造のサブシステム

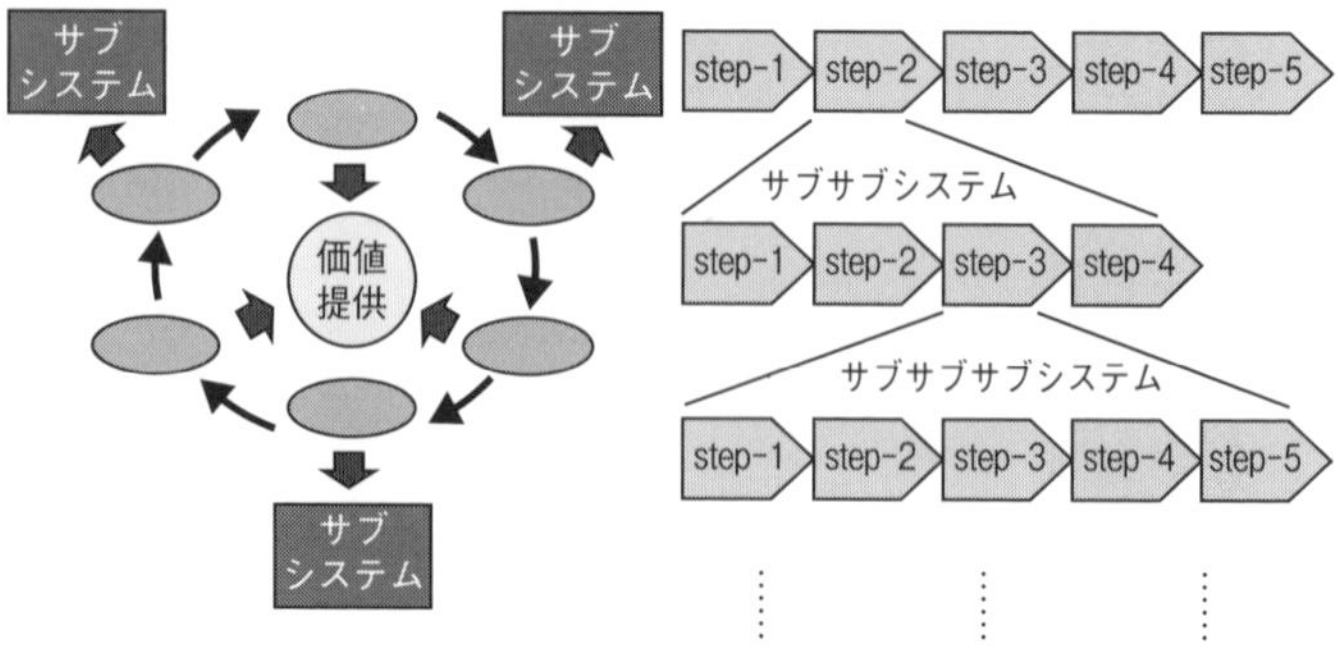

ステップ5の作業では、行動ステップを必要に応じてツリー状に分解して、詳細に説明することになる（図1-5）。サブシステム、サブサブシステムとして細分化させていくが、その文章は、実施者がすぐ行動できるように、細かく、分かりやすくして、よくある政策提言に使われるような微妙な解釈も必要ない、即物的、直截な表現にすべきだ。

以上が「社会システム・デザイン」のアプローチの概略である。実はどの国においても、医療、徴税、教育、通信、金融、交通、エネルギー供給など社会を支える仕組みは、意識するしないにかかわらず、これまで「社会インフラ」としてデザインされ、社会を構成している。それらが基本的に整備されているからこそ、国は正常に機能するのである。ただ、「インフラ」という表現はスタティックな響きがあり、「システム」という表現の方が時間軸を組み込んだ、すなわちダイナミックな状態をより示していると思う。

いずれにせよ重要なのは、社会全体からデザイン可能な部分を取り出して、それをデザインするということだ。したがって、「社会システム」としての原発システムも、我々が扱える塊としてデザインできるのである。これから順を追って、その方法を具体的に説明する。

コラム—2

住宅供給に関する良循環

日本の住宅供給に関する良循環の例を示しているのが、左の図である。景気対策という政府は必ず持ち家優遇策を行う。すなわち、「新築住宅」に対するインセンティブばかりが考えられている。しかし、それこそが住宅供給では悪循環をもたらすという仮説を立てた。そこで良循環として、まだ十分使える既存住宅、つまり「中古住宅」の活用を推進する諸対策を行うことを描いてみる。

日本には、誰でもどこでも使える中古住宅の査定システムが存在しない。銀行も土地しか評価しないので、中古住宅の上屋を含めた評価体系など誰も考えないというのが実情だ。世界的には、こういう評価体系とそれを活用する職能、そしてそれらに依存した中古住宅市場が形成されている。日本にはその部分の経済活動がないのだから、それだけＧＤＰは小さいということだ。アメリカでは約６００万戸の中古住宅が流通し

図　ステップ2~3（良循環：住宅供給）

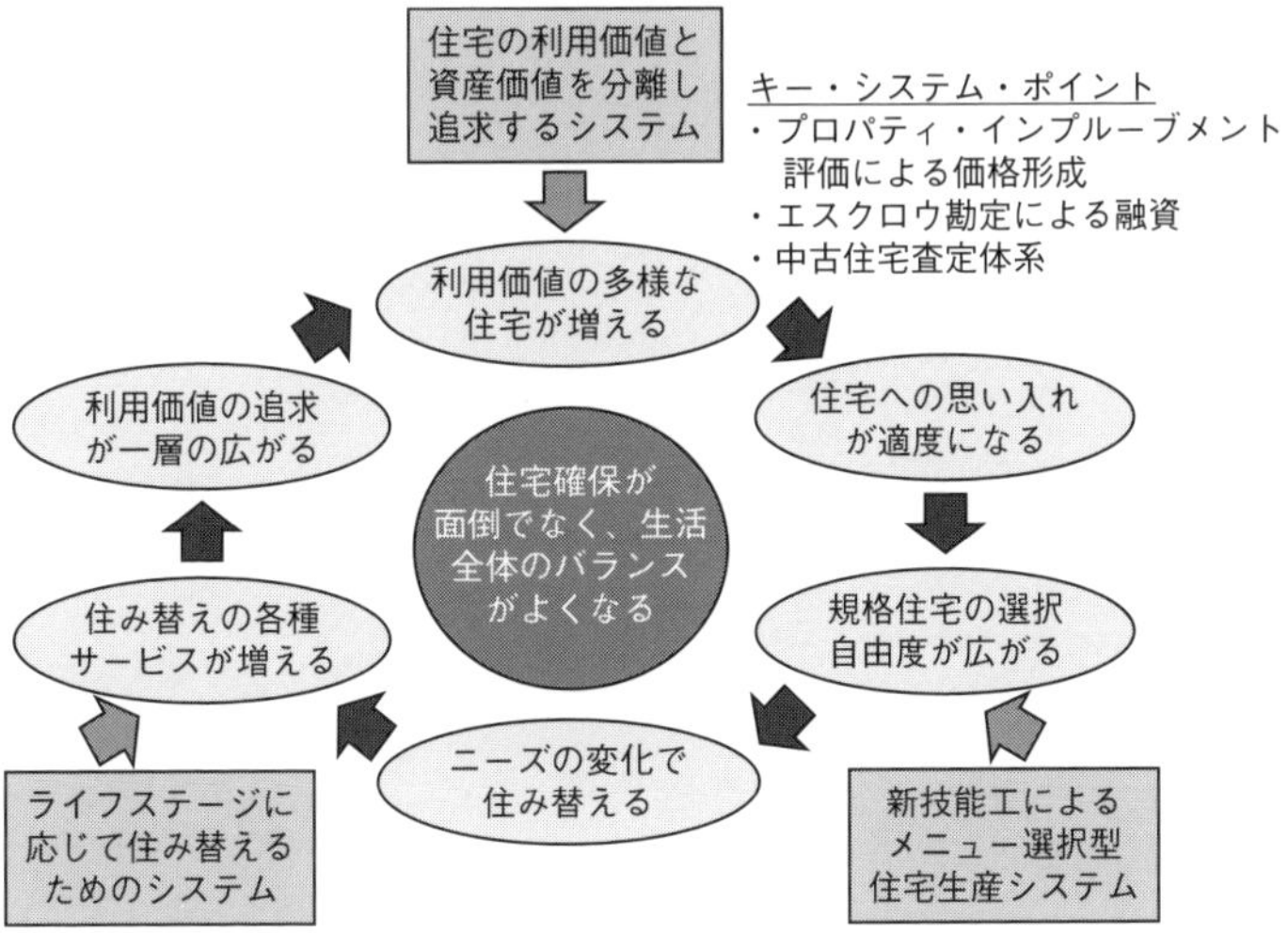

場形成ができる。

ているが、その5分の1の中古住宅が売買されるだけで、10兆円近い市

　そもそも日本には、土地と建物一体で考える「プロパティ・インプルーブメント」の概念と、それに基づいた査定・評価などの各種システムがないために中古住宅市場が育たない。土地はなかなか改良できないが、上屋である建物はいくらでも改良ができる。ただ、建物を評価して不動産価格が上がるというメカニズムが存在しない。したがって、リフォーム市場も価格形成がはっきりしないから育たない。

　そういうわけで、中古住宅市場を「回転」させて「拡大」させるためには、自分の家を改良し続ける自助努力を評価する体系と、それを反映した価格形成メカニズムを作りだすことが重要だ。そのための良循環とサブシステムを図に示した。これによって、住宅確保の面倒さの見返りとして、プロパティ・インプルーブメントなどの努力をすれば報われるということになり、生活の質向上を含めて、暮らし全体のバランスが良くなるという価値提供もできる。また、国としては住宅投資の無駄が減り、住宅ストックの質が段々と向上していくという効果もある。

　日本の住宅に関する課題では、数、広さ、耐久性といったハードウェ

アにばかり着目するのではなく、住宅供給システムという運営システムというソフトウェアに本質があることを理解すべきである。

第2章 悪循環を発見する——中核課題の正確な把握

1——原発システム・デザインの実際

これから社会システム・デザインの5つのステップに沿って、原発システムのデザインを説明していく。これらは原発を稼働させると同時に、その原発が廃炉になるまでの残された時間に考えうる努力を傾注して、絶対に事故を起こさず安全にマネジメントをするためのものである。

3・11事故に至るまで、いかなる悪循環が廻っていたのか。その悪循環を発見し、その背後にある中核課題をできるだけ正確に見つけ出し定義する（ステップ1）［第2章］。次に中核課題に答えることでそこから抜け出す良循環を創造する（ステップ2）［第3章］。そして、その新しい良循環を駆動するエンジンとしてのサブシステム群を抽出し（ステップ3）、必要に応じてサブシステムの行動ステップを記述し（ステップ4）、ツリー状の分解を行う（ステップ5）［第5章］。

1・1　「安全神話」が作り出した呪縛

まず、これまで日本の原発はいくつかの悪循環に陥っていたという視点から捉え、その悪循環を生み出してきた中核課題を提示することからスタートする。実際の作業は、中核課題仮説に基づいた悪循環を何度も書き直す作業を通じて、表面的現象の背後に存在する中核課題を定義するのであるが、ここでは説明の便宜上、その順番を逆にして、定義した中核課題から悪循環の描出へという方向で述べる。

ここで定義した中核課題は、俗に言う「安全神話」が作り出した呪縛によるものである。すなわち、「安全神話による思考停止」である。もし原発がすでに「安全」であれば「より安全にする」ことは論理矛盾である。この安全神話による呪縛がいろいろな行動、とりわけ状況を改善していこうとする行動を妨げてきた。これはすでに一部の人たちが指摘していたことであり、特に新しい発見ではない。しかし、ではどうするかというとき、この問題の裏返しの答えを出す程度で、いまだ突き詰めて考えられていないようだ。ここで、この安全神話がどのよ

図 2-1　3・11 事故以前の原発に関する中核課題と悪循環

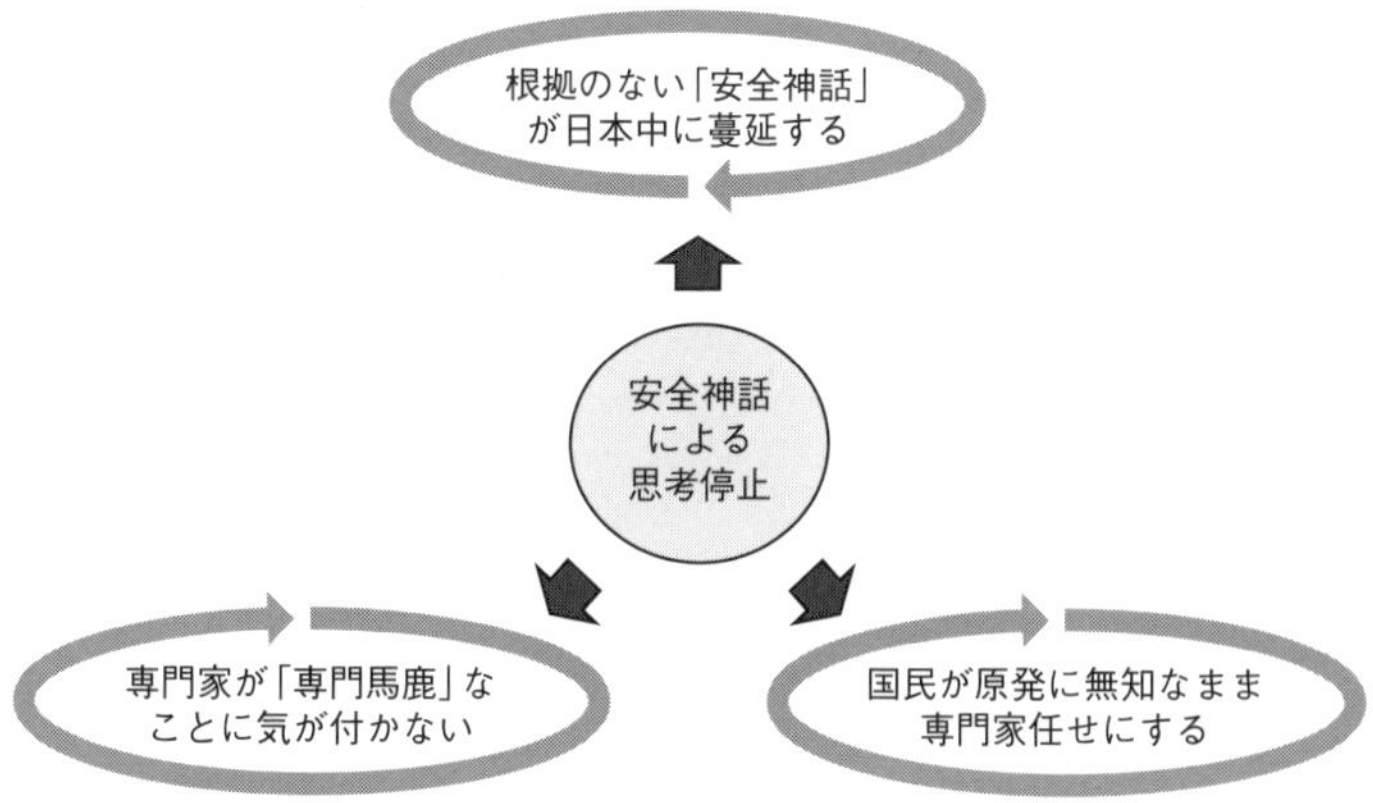

うな悪循環を生み出してきたのかを掘り下げて見てみる（図2-1）。

1・2　原発をめぐる3つの悪循環

人間が作り出した機械や装置は、100%安全というわけではない。使い方、使い手、耐用寿命、外的環境（気象・天候など）といった諸々の要因によって、どんなものにも予測できないリスクがある。これは、もちろん誰もが知っている事実のはずである。にもかかわらず、原発に関してはその自明の事実に反し、論理的にも経験的にも根拠のない安全神話が日本中の人々の意識に浸透していた。政府、地方自治体、東電、地域住民、そして多くの人々も、これに正面から疑問を提起してこなかった。この「根拠のない安全神話が日本中に蔓延する」ことが、第一の悪循環である。

それだけでなく、さらに2つの悪循環が存在していた。第二に「人々は原発に無知なまま専門家任せにする」ことである。第三には、「専門家が「専門馬鹿」になっていたことに気が付かない」ことが挙げられる。今回の事故が起きるまで、人々は原発をよく理解しようとせず、専門家任せにしてきた。一方、その専門家がある一定の分野に対してのみ知識を持っていたが、それ以外に関しては無知、無関心であった。そのため、誰も緊急事態に対して包括的な対応ができなかったわけである。

●第一の悪循環——根拠のない「安全神話」が日本中に蔓延する

3・11事故以前、原発を取り巻く第一の悪循環は「根拠のない「安全神話」が日本中に蔓延する」であった（図2-2）。「安全の敵は安全だ」というのが、ある民間航空会社の機長の言である。安全に浸り切り、感覚が鈍ってしまっていると、何か事が起きたときに対応する仕組みができておらず、どう行動していいのかも分からないという意味だ。原発に関しても、安全と思い込むことが真の敵になるという事態にまさに陥っていた。皮肉なことだが、ある意味で原発は他の多くの装置と比べても安全に出来上がっていて、3・11事故以前に緊急事態は起こらなかった。したがって、あえて住民の不安を刺激するような徹底的な緊急時訓練も行われてこなかった。

1979年のアメリカのスリーマイル・アイランド原発事故[18]、86年のソ連チェルノブイリ原

18 1979年3月28日、アメリカ合衆国東北部ペンシルベニア州のスリーマイル・アイランド原子力発電所2号炉で発生した原子力事故。国際原子力事象評価尺度（INES）においてレベル5（事業所外へリスクを伴う事故）の事例。

19 1986年4月26日、ソビエト連邦（現ウクライナ）のチェルノブイリ原子力発電所4号炉で起きた原子力事故。国際原子力事象評価尺度（INES）において最悪のレベル7（深刻な事故）に分類される。

図 2-2　原発をめぐる第一の悪循環

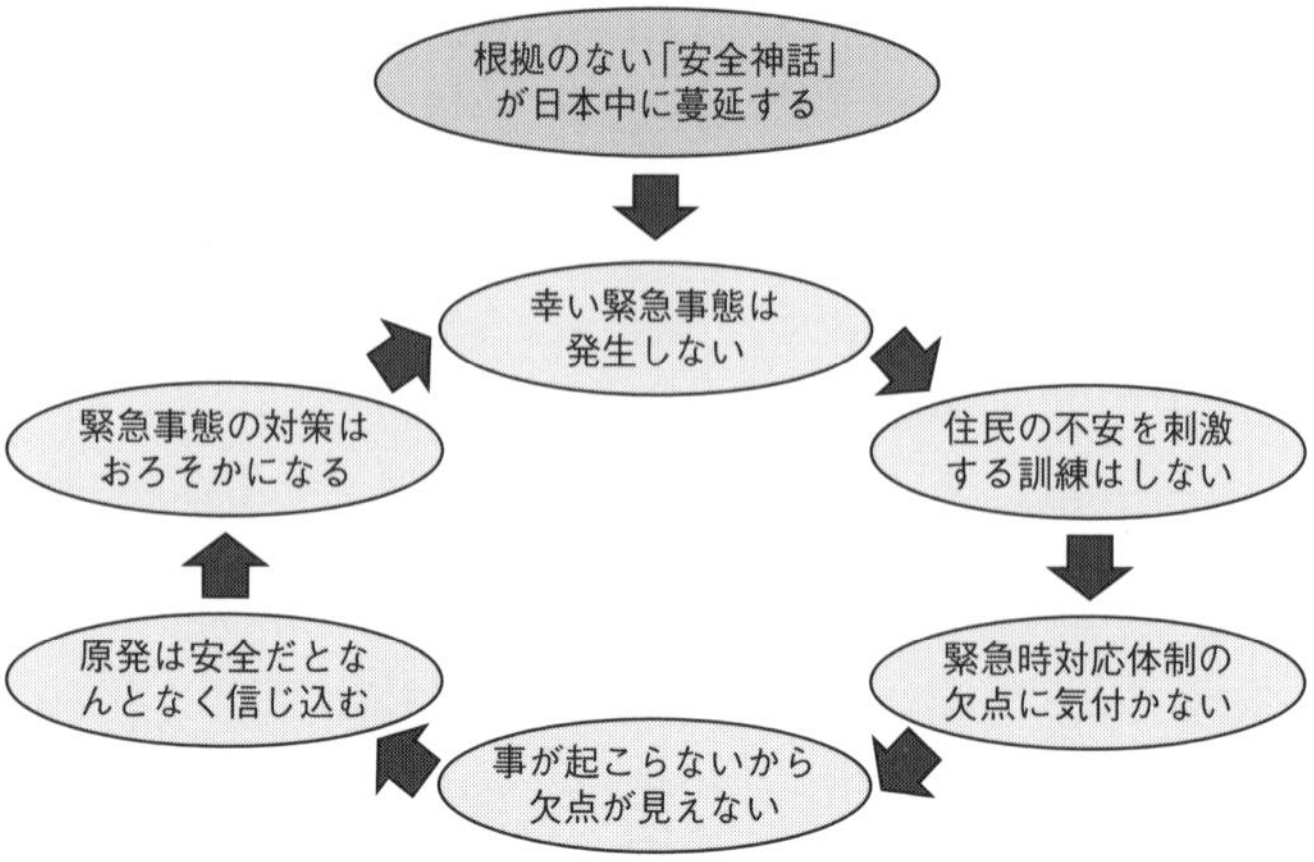

発事故を契機にして、世界各国で原発の防護策の再構築が行われた。その結果、96年にIAEAの国際標準として「深層防護（Defense in depth）」（あるいは「5層防護」と呼ぶ）の考え方が提示された。チェルノブイリ原発事故が起こる以前は、「異常の発生防止」「異常の拡大防止」「影響緩和」という3層の防護層だったが、事故の反省に立って「過酷事故対策」と「防災対策」の2層が加えられたわけである。[19]

最初の3層までは原発敷地内での防護、すなわち「止める」「冷やす」「封じ込める」であるが、そのどれもが突破された場合、放射線は敷地外に漏れることになる。その際の地域住民の安全確保が4層目と5層目の防護である。これら新しく加えられた2つの防護層について、IAEAでは4層目を「事故の進展防止およびシビア・アクシデントの影響緩和を含む過酷状態の制御」、5層目を「放射性物質の大規模な放出による放射線影響の緩和」と位置づけている。少し分かりにくいが、たとえばベント（排気）時[20]に放射性物質の放出を最小限にするフィルターを設置するなどが4層目に当たり、速やかに住民を安全な場所に避難させ、被曝後8

20　原子炉格納容器の中の圧力が高くなって、冷却用の注水ができなくなったり、格納容器が破損したりするのを避けるため、放射性物質を含む気体の一部を外部に排出させて圧力を下げる緊急措置。

21　放射性ヨウ素の被曝による甲状腺の障害の予防薬として、安定同位体のヨウ素剤が用いられる。放射性物質の影響により、甲状腺の機能が活発な若年者、甲状腺の形成過程である乳幼児において、甲状腺の障害が顕著に見られることが知られている。

時間以内に年少者にヨウ素剤を服用させるなどの活動が5層目である。[21]

3・11事故では、まさにこの4層目、5層目の欠落が白日の下に晒された。住民は状況が分からないまま、避難をしなければならなかった。そのなかには避難所を何度も転々とさせられた人々も多い。その過程で多数の高齢者が亡くなった事実もある。それは放射線の直接の被害ではない。避難体制の不手際である。また、子どもが数年後に発症する可能性のある甲状腺がんを防止するため、ヨウ素剤が準備されていたにもかかわらず、ほとんどの自治体はそれを投与していない。これも指示体制の不手際だけでなく、ヨウ素剤投与の意味を理解していなかった自治体の無責任さの問題でもある。

2006年に日本では、原子力安全委員会が防災計画をIAEAの深層防護の考え方に沿って見直す作業を開始した。しかし、国会事故調の公開委員会で確認したことだが、当時の原子力保安院長が「寝た子を起こすな」という考えから、その作業を中止させて3層の防護に戻したという経緯がある。この一個人の判断の影響は大きい。かりに「深層防護」の考え方に沿って、原子力防災計画やシビア・アクシデント対策の見直しが行われていたら、事故の影響はかなり違っていたはずだ。フィルターの付いたベントが稼働していれば、放射性物質の放出もより軽微なものになっていたであろう。それがより速やかに行われたならば、水素爆発の様相も違った可能性もある。

現在、原子力規制委員会では国際標準となっている5層の深層防護をとり入れ、それを基本方針にしている。具体的には、4層目として「プラントが過酷状態に瀕したとき、それを制御するために原発施設内にシビア・アクシデント・マネジメントなどの防護策を整備すること」、5層目として「放射性物質の大量放出が発生してしまったとき、放射線による影響を緩和するために原発施設外での緊急時対応策を整備すること」である。とはいえ、日本では3層までは法的に規制されているが、いまだに4層目、5層目は規制されていない。したがって、委員会の責任は3層目までで、この4層目、5層目の体制確立については地方自治体の自主性に任されている。

本来、5層はシークエンシャル（順番）に作動するのではなく、各層が同時並行的に連携して、迅速な行動を起こすことができるよう一貫した体制として規制すべきというのが常識的な発想である。しかし、3・11事故時における東電の対応はなぜかシークエンシャルであって、同時に複数の対策を打つという行動ではなかったとの印象が強い。そういう行動パターンを避ける意味でも、同時並行的な5層防護であるべきだ。

前述のように、電力各社は再稼働の条件として「法律・規制を守った運転」から「絶対に人を事故に巻き込まない運転」へと意識の転換を求められているが、4層目、5層目の規制が実施されない状況であれば、まさにそうした意識変革が急がれる。電力会社各社で構成される電気事業連合会は、その目標に向かって各社を切磋琢磨させる体制をとるべきだろう。

このように、深層防護は世界では標準だが、日本にとっては新しい防護の考え方であり、原発の存在する地域住民だけでなく、多くの人々の一般常識になるくらいの広報が必要なのである。そして、事故が起こった場合の放射能の広がり方に関して、原発の所在地ごとに地形や気候、風の向きなどを考慮し、数種類の気象状況に場合分けをした予測図を作成し、地域住民に前もって示しておくべきである。住民もそれを望んでいるだろう。いまとなっては「寝た子」はすでに起こされている。

おそらく各原発が作り上げていた緊急事態対応の体制はかなりの欠点があったはずだ。しかし、実際に試されることがないため、欠点すら発見されず、改善されないままであった。そうした改善は緊急事態対応訓練をやれば見つかった部分もあったはずだが、安全神話の呪縛のためにできなかった。しかし、事故が起こらない状況が続いていた。まさに悪循環が廻っていたのである。

●第二の悪循環——国民は原発に関して無知なまま専門家任せにする

原発を取り巻く第二の悪循環は、「国民は原発に関して無知なまま専門家任せにする」である（図2-3）。深刻な原発事故が起きないことに対して、多くの人々は「便りのないのはよい便り」と思い込み、何もかもを専門家に任せていたと言える。したがって、原発に関して知ろうという積極的な努力をしないままで、「自分たちは何を知らないのかを知らない」まま過ごしてきた。政府や原発の専門家は「原発は安全だ」という結論から出発しているので、そうで

図 2-3　原発をめぐる第二の悪循環

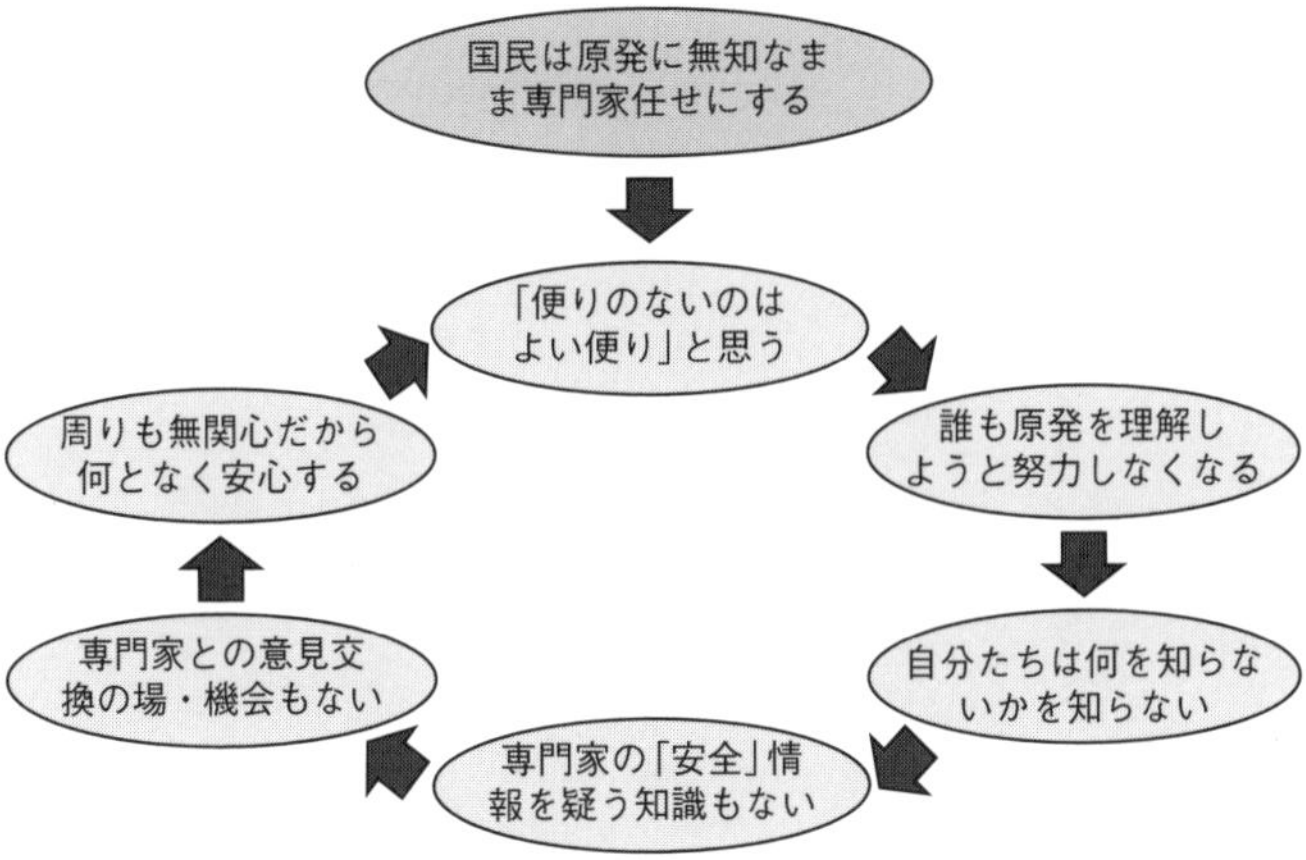

ある以上、彼らからはそれに沿った情報が常に提供される。ただ、人々はそんな事情を知る由もなく、その「安全」だという情報を疑うだけの知識も根拠も持ち合わせていなかった。

原発反対派をいたずらに刺激しないためか、原発のリスクに関する積極的な啓蒙活動が行われることなく、人々と専門家との意見交換の場や機会もないままであった。他方、地域住民、そして国民全体にも知りたいという要求が少なく、周りもみんな無関心だから何となく安心して過ごしていたという悪循環が巡っていた。

このような状況では人々は専門家の能力をチェックする機会がないと同時に、専門家はあえて積極的に説明しようとせず、そのため専門家の素人への説明能力も向上しないままだった。お互い無関心であっても何も問題がなかった。深刻な事故が起きないという見方は間違っているのではと人々は薄々感じながらも、そうではない希望的観測の方に流れてしまい、専門家なのだからきっと十分に対応しているだろうと思い続けていた。

先ほど述べたように、3・11事故以前も以後も原発関係者や専門家はIAEAの深層防護の枠組みをテーマとして取り上げているのだろうが、明確な方針として素人にも分かるように説明していない。そしてマスメディアもその重要性を認識していないのか、あるいは知識不足なのか、ほとんど取り上げようとしない。この深層防護という枠組みは、サイエンス・リテラシーが高くないと理解できないというほど難しい話ではない。素人にとっても常識的で納得感のあるものである。

ただ、紛らわしいことに、日本の原子力専門家は「5層の壁」という表現を常々使ってきた。彼らが言っている5層の壁とは、深層防護とは全く違う概念だ。まず深層防護は原発の運営システムそのものであり、ソフトウェアの概念である。すなわち、「社会システム」としての発想だ。それに対して5層の壁とは原子炉を取り巻く物理的な壁の話で、ハードウェアの話である。しかも目に見えるハードウェアなのに、こちらの方が素人には分かりにくい。5層の壁とは「ウランを焼き固めたペレット」「ペレットの被覆管」「原子炉圧力容器」「格納容器」「原子炉建屋」の5つを指し、文字通り放射性物質が原子炉の外に漏れないように閉じ込めるのが目的なのだが、その5層の壁が破られたときのことは考えられていない。まさにエンジニアリング・システム的発想の範囲でしかない。しかし今回、5層の壁は破れ、放射性物質は漏れたのである。正確には原子炉自体を崩壊させないため、放射性物質を漏らさざるを得なかったのである。

いずれにしても国民の多くは、この「5層の壁」とIAEAのいう「深層防護」のどちらの定義も知らない。人々が無知のままに過ごしてきた典型的な例である。問題なのは、この無知の状況が3・11事故以後もなお変わっていないことだ。政府も、電力会社も、業界団体も積極的に説明し、人々の理解を高めようとしているわけではない。その意味では、いまだに悪循環が巡っていると言える。

そもそも日本が原発に取り組む際、最初の一歩を間違えたことが後を引いている。いまさら言っても仕方がないが、「原発は安全だ」ではなく、「原発はリスクがあるから徹底的に対策を打つ」といってスタートしていたら状況は違っていただろう。原発の建設はかなり遅れたかもしれないが、人々の関心と理解はもっと増して、このような悪循環にはならなかったと思われる。

たしかに原発は複雑な技術が集積したシステムである。そのため、素人には極めて分かりにくい。多少関心を持ったとしても、素人が口出しできないと思うのも無理はない。しかし、そうやって専門家任せにしてきたことが悪循環を生んだ面もある。そしてそのことが、今回の3・11事故後の対策が遅々として進まない一因であることは間違いないだろう。原発の専門家、それは研究者やエンジニアだけでなく、官僚や事業会社の職員も含むが、彼らは専門外の人に話をしても通じないから、仲間とのコミュニケーションに終始し、内向きの態度になって視野を狭めていく。そして専門外の人たちと話す機会をどんどん無くしていく。それが「原子力ムラ」として表現されるものを生んだ背景だろう。

原子力ムラがそう単純なものではなく、そこには産官学一体となった利権構造を維持する力も働いたことも容易に想像できる。しかも原子力ムラのコミュニティも基本的に専門分野の縦割り体制であり、誰も原発全体を把握する能力と識見を持つよう十分に訓練されていなかった。国会事故調で関係者にインタビューした範囲内であるが、そのような統合的知見を持った人物は存在しなかった。原発とは、科学・技術の高度な総合のうえに成り立っているシステムだ。素粒子物理学、物性科学、放射線医学、情報科学などの多様な科学に基づいた技術だけでなく、それに加えて行政学、経済学、環境学、社会学といった社会科学的な知見を含みながら、その複雑なシステムの統合を図る必要がある。これらのすべてを網羅的に理解しようとする統合的人物を養成すべきだが、その訓練は難しいだけでなく、それを習得しても適切なポジションが政府や企業の内に存在しない。後で詳しく述べるが、原発システムのデザインにおいて、人材育成は大いなる問題だと言える。

●第三の悪循環——専門家が「専門馬鹿」になっていたことに気が付かなかった

第三の悪循環は、「専門家が「専門馬鹿」になっていたことに気が付かなかった」ことである（図2-4）。専門家は通常時だけでなく、不測の事態に対応する能力も持っていないといけない。もちろん何も起こらないのが望ましいが、そうなると専門家は自分の能力の極限を試されることがない。そのまま、自分の能力を正確に評価することができなくなっていったのであろう。やがて視野の狭いまま自信過剰になり、他国の原発の背景にある考え方やそのチェルノブイリ以降の変遷、また原発とは関係ない他分野のリスク・マネジメントや緊急事態対応などの多様な経験、その最先端の発想と対策から学ぼうとしなくなった。

さらに外部に対する鋭敏な感覚を常に保つことができず、原発分野を取り巻く状況の変化に気が付かなくなる。原発以外のより大きな時代精神の出現もある。それに対応するため

図 2-4　原発をめぐる第三の悪循環

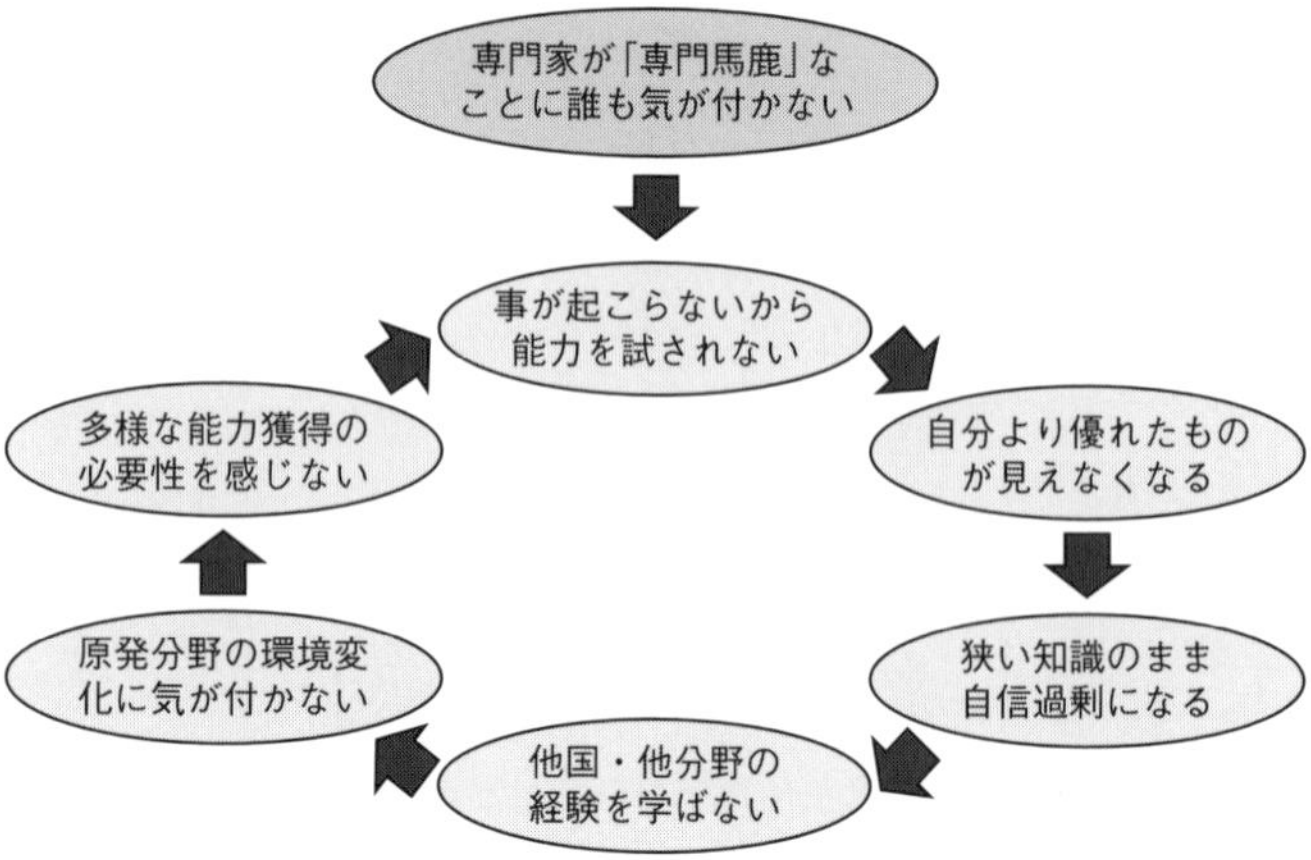

年々、多様な能力が求められてきているにもかかわらず、そうした能力を獲得する必要性も感じてこなかった。そして事が起こらないから、その閉じたなかで能力が試されないという悪循環が廻っていた。今回の事故が起こって初めて、人々の多くは専門家の右往左往ぶりを見て、半ば驚き半ばあきれていたのである。

かつて建築デザインに従事していた筆者から見ると、原発というのは「建築」というよりも「土木」の思想で成り立っているように思える。建築の思想はヴァナキュラー・アーキテクチャー（Vernacular Architecture）、すなわち「その土地に根ざした建築」というのが基本である。地域固有の気候や風土、歴史、生活様式、そして素材を考慮しながら設計するのである。しかし、土木にはそのようなことは比較的少ない。多くの県にまたがって走る高速道路を考えれば分かるだろう。東北自動車道で栃木県から福島県に入っても、道路のデザインを見ただけで分かるわけではない。どこを走っていてもほぼ同じである。そのように作るのが土木の思想と言える。

そうした性格の土木が技術を高度に発達させた結果、現代では土地の特徴を無視した形で、「自分の好み」によって造成することが可能になった。バブル期にはゴルフ場が次々に出現したが、こんな平地もない山深いところによく作ったな、と思うものがかなりあったのである。まさに土木技術の威力である。それを前提にすれば、土地の気候風土や歴史的由来などに左右されることなく、自由自在に構築できる。そして、そのような発想は原発建設の背景にもあるように思える。

福島第一原発が建設される際、せっかくの高台をわざわざ海面に近いところまで削るという大規模な土木工事が行われている。元のままの高さであれば、津波の被害を受けることはなかっただろう。そこには何らかの構造力学的、または工学的な理由があったはずだ。しかし、国会事故調で質問してみたが明確な答えは得られなかった。推測するに、重い建物を支えるための頑丈な地盤を確保する、あるいは非常用ディーゼル発電機における冷却用の海水ポンプの揚水高度に限界があるなどが考えられる。いずれにせよ、土地の形状を見境なく大きく変えてしまうという、土地に根差した発想の欠如が津波の被害を大きくしたのは事実である。後から考えれば、間違った判断をエンジニアがしてしまったのも、土木における強力な掘削・造成能力が前提にあったからだろう。まさに専門家が専門馬鹿になっていたのだが、誰も気が付かなかったのである。

また、原子力エンジニアにとって原子炉は通常の工場の製造・工作機械と同じような「マシーン」でしかないという。これは国会事故調で聴き取りをした際のコメントである。工場の機械を考えれば分かるように、それらは設置場所が北海道であろうと九州であろうと関係なく標準的に作られる。したがって、それらを製造するエンジニアは設置場所に関しては無関心だ。同様に、原子力エンジニアも自分が製造に関わった原子炉というマシーンがどの地域や場所に設置されるかには、ほとんど関心がなかったそうだ。さらには、福島第一原発の建設にはゼネコンの建築設計担当者も関わっていたはずだが、彼らもどこに作っても基本的には同じという工場建築の発想になっていたかもしれない。こうした事実から懸念されるのは、原発に関わる人たちの多くが、原発という構築物が持つ、建築としてのヴァナキュラーな性格に関心がなかったのではないか、ということである。そうならば当然、その土地の歴史、風土を十分に理解しようと努力することもなかっただろう。

西洋にはゲニウス・ロキ（地の霊）[22]という考えがある。そして土地の雰囲気、精気を感じ取りながら建築をつくるのが長年の伝統にある。日本にも土地を守護する神として土地の神、地主神という考えが、我々の生活の深層にある。しかし、土木や建築の技術が圧倒的な力を持った現代では、そういういわば土地に対する畏怖と敬意が急速に薄れている。これはある種の地域性を持って、歴史的にも繰り返す自然災害への無関心につながるであろう。ここにも3・11事故の遠因があったのではないかと考えられる。特に重視すべきは、三陸地域で過去何度も大きな津波が起こったにもかかわらず、それに対するリスク感覚が薄かったことである。仙台の近くに七ヶ浜町という、かつて漁村だったところがある。今回の津波でここにあった

22 事物に付随する守護の霊という意味の「ゲニウス（Genius）」と場所・土地という意味の「ロキ（Locī）」の2つのラテン語をもとにする。場所の特質を主題化するために用いられた概念。文化的・歴史的・社会的な土地の可能性を示す。

多くの家屋は流されたが、住民は誰も亡くなっていない。そこでは長い経験の記憶が伝承されており、地震が起きた際、津波からの避難場所もはっきりと決まっている。集落のはずれにある小山である。そこにある神社に行く坂道は、町のどこからでも見える。避難する場合はあの坂道を登ればいいとすぐに分かる。これが集落のヴァナキュラーなデザインである。その土地に住む人々みんなに先祖代々の口伝伝承があり、また、実際の経験を積んだりして日々の暮らしに溶け込んでおり、いざ危険から身を守るときの行動が人々の身体知に落とし込まれている。このようなデザインは、現地の歴史風土から切り離された机上の計算からは決して生まれない。

ちなみに、そのヴァナキュラーなデザインは、七ヶ浜町出身の建築家が設計した雄勝硯伝統産業会館（宮城県雄勝町）にも活かされていた。同会館の建物は、今回のような津波に備えて設計され、実際に耐えて残ったのだ。ただ、この建物は土地の人々の賢い判断のシンボルとして、長く残されるべきだと思われたところ、その後なぜか建物は県によって壊されてしまった。川の堤防を作るのに邪魔になるという理由だった。けれども、それは投資効果のほとんどない無駄な堤防でしかない。いまだにヴァナキュラーな思考に欠けた土木技術者という専門家が判断ミスを続けている。それがこのエピソードからも浮かび上がる。

原発のリスク対策においても、世間からは非常識としか思えないことが行われている。他分野の安全対策の進歩、その背景にある考え方を知ろうとする姿勢が欠如しているからで、それが原発の専門家に見られるという点はすでに指摘した。原発がいかに複雑で高度な技術のシステムであるとしても、そのリスク・マネジメントのシステムまでが他分野に比べて最先端であるという保証はない。しかし、当事者たちはリスク・マネジメントも同じように高度であると、どこかで錯覚してしまったのではないだろうか。

緊急時の人命保全という視点から見ると、リスク・マネジメントは原発の建設や運転に関わる技術とは全く異なっており、経営管理、言い換えれば、運営システム・ソフトウェアに関わる技術が求められる。しかも皮肉なことに、原発事故を経験することはそうないので、実体験から改良するという方法もとりにくい。そのことに人々が気が付かなかったのは、自分たちが無知なまま、専門家任せにした第二の悪循環の結果でもある。

他の分野では、リスクの捉え方や対処法にいろいろな工夫がされている。当然ながら、事故の多い分野ほどリスク・マネジメントの改善が進み、最先端の手法と普遍的な知恵が組み込まれている。原発関係者もそれらの分野から学ぶことが少なくないはずだ。しかし、あまりに分野が違いすぎる、または自分たちが最も高度なことをやっているなどの理由で、他の分野にどのようなリスク・マネジメントの手法や知恵があるかに関心を抱かず、その知識を十分に持っていないままできた。それ自体が望ましくないことだという感覚もない。自分たちが「何を知らないのかを知らない」という状況がここにもある。しかし、すでに原発は安全ではないという経験をした。そういう意味では、まさにいまがより優れたリスク・マネジメントのシステムをデザインすべきタイミングなのだ。

原発に比べると事故を経験することが多い航空業は、とにかく人命を救うという視点からいろいろな工夫がなされている。しかも最近では、世界中のすべてのニアミスなどはオンラインで瞬時に誰もが共有できるとか、ブラックボックスがなくても録音が保存されるとか、営々と改善を続けているので、その成果は誰の目にも明らかだ。先進国の航空会社で第4世代と言われる航空機[23]による人身事故は2000～2008年の間、実にゼロであった。緊急時の対策も「多重」だけでなく「多様」になっている。すなわち、第一、第二、第三の三系統を順次作動させるようになっており、それらはワイヤー、油圧、電磁装置などを組み合わせることで対応している。

一方、原子力関係者はもともと「多重」と「多様」の違いの認識はなかったようだ。3・11事故以後の現在に至っても、原発の専門家は官僚を含めて、この2つが全く違うものだという認識を持っているのか疑問である。この点に関しては次節で述べる。

2――悪循環からの脱却

原発システムをめぐる悪循環のうち、3つを取り出して描いた。それらの悪循環に関連していくつかポイントを絞り、現状はどうなのかを確認しておこう。

2・1　原発のバックフィット（改善工事）

電気事業連合会のメンバーである電力各社は、IAEAの言う深層防護の体系づくりに本気で取り組み、着実に進めているようには見えない。それ以前に、現在稼働中か否かにかかわらず、すべての原発を2006年に改定された耐震設計審査指針[24]に照らしてチェックし、バックフィット（改善工事）を行うべきだ。これは当然の作業であるが、それさえも速やかに進んでいないようだ。しかも、これは原発の推進・反対の議論とは全く関係ないはずである。3・11事故の経験から考えると、廃炉までの残された時間が少なくても実施すべきだ。

今後、廃炉作業が開始された場合を除いて、すべての原発は再稼働の審査とは関係なく、バックフィットのスケジュールが公表されるべきだ。そしてその前段階の新耐震基準チェックの際、バックフィットが現実的に不可能と分かれば、その原発は廃炉になるという判断も欠かせないだろう。

23　たとえば、ボーイング747-400、757、767、777、737-700、800、787、エアバス320、330、340、350、380などの機材。

24　「発電用原子炉施設に関する耐震設計審査指針」を指す。

2・2　原発の直下にある活断層をめぐる議論

原発の存続か否かを決める要件として、その直下に活断層が存在しているかどうかの議論がある。２００６年に改定された新耐震基準では、12〜13万年前以降に活動があった断層を活断層と定義している。原子力規制委員会では、そのような活断層の真上に原子炉など重要施設を造ることを認めていない。現在、日本原子力発電の敦賀原発2号機と東北電力東通原発1号機2号機が議論の対象になっている。そして判断をするのは、原子力規制委員会の有識者会議である。

こうした活断層に関する議論では、いくつか問題点が挙げられる。まず、こういう難しい判断をする有識者会議メンバーが、どういう専門性の基準で選ばれたのか不明である。有識者の判断能力の妥当性は検証されているのか。こういう会議のアカウンタビリティはどう問えばよいのか。有識者会議の「有識者」とはどういう資格を持った人たちなのかを十分に説明することが、政府の示すべき透明性だと考える。

そもそも、この活断層を問題にする新耐震基準は3・11事故以前のものであり、本当は見直しを図るべきだろう。いま我々が置かれている状況を考えるならば、「いかなる場合も人命を守る」という境界条件に従って、もっと直接的で現実的な課題設定があるはずだ。

原子力工学や地質学などの限られた専門家たちによる有識者会議では、自分の専門分野中心の従来の基準がどれほどの妥当性をもっているかを問うことがない。他の専門分野を含んだ最新の技術的知見に基づいて、原発システム全体の頑健性と安全性強化を多面的に議論するのが常識的発想ではないだろうか。ちなみに、そういう議論に参加すべき土木や建築の構造専門家、あるいは建屋の中にある装置が振動で破壊される問題を扱う専門家などはメンバーにいないようだ。こうした縦割り体制のなかで、視野の狭い専門性に頼って議論することは、言ってみれば手法に課題を合わせているにすぎない。「あなたの持っている道具がカナヅチだけならば、すべての問題がクギに見えてくる」ということだ。至極当たり前なのだが、すべての問題を「叩いて」解決するわけにはいかない。カナヅチ以外の道具も活用すべきなのだ。

「いかなる場合も人命を守る」という境界条件に沿うならば、次のように課題設定をすべきであろう。「今後、このままの規制であるならば、一部延長があるにしても40年以内にほとんどの原発が廃炉の対象になるわけだが、その間にマグニチュード8以上の地震が少なくとも一度は来ると想定して、それに耐えられるように既存の原子炉を補強することが可能か」と。それによって原発の存続か否かを議論し、判断するわけだ。そうした時代の状況に即して、常に課題を更新すべきなのである。

それができていないのは、突き詰めれば、管轄官庁である原子力規制委員会と原子力規制庁、あるいは原子力政策課というレベルの組織に判断を任せていることに問題がある。現在の状況認識に基づき、新たな課題設定に焦点を絞った議論をすべきであり、そのための委員会が構築されるべきだろう。具体的に実行可能な結論を出すことを目的として、幅広い識見を持ち、人々に対するアカウンタビリティ意識を持ち、かつ多様な分野の専門家たちによる委員会を作る。それが自然な発想ではないのだろうか。

このような委員会の運営システムは、組織デザインのテーマであり、「社会システム・デザイン」の一部でもある。そのようなデザインが行われていない状況で、政府は拙速に再稼働に踏み切ろうとする。だから人々から信用を得られないのだろう。

2・3 「多重」と「多様」の違いの理解

これまで述べた悪循環は過去形で語るべきではない。現在も継続していると考えた方がよい。3・11事故後、原発関係者が先に述べた3つの悪循環を明確に認識し、強い意思を持ってそれらから抜け出したという確証は得られないからだ。

2011年3月2日、すなわち、福島第一原発事故発生の9日前に原子力安全基盤機構が出したレポート「IAEA基準の動向」では、IAEAの「深層防護（Defense in depth）」が「多重防護」と訳されていた。深層防護は5層の多様な防護を意味しているが、このように「多重」と訳すならば、3層でも5層でも大差はないという理解になってしまう。実際、日本の原発は3層防護のままであったが、このレポートではＩＡＥＡ基準の5層防護を推進すべきである、ということも書かれていない。その後、当機構は２０１４年3月に廃止され、原子力規制委員会に統合された。

さらに、東電は原発の「多重・多様防護」を従来からうたっていたが、それは常套句でしかなく、「多重」と「多様」の違いが理解できていなかった。それに対して、ＩＡＥＡの言う深層防護では、各層ごとに視点と対策が異なる「多様性」が主張されている。ちなみに、国会事故調の公開委員会で「何が多重で、何が多様な対策なのか」という筆者の質問に対して、東電の担当者は十分に答えることができなかった。

要するに、多重であっても多様でない緊急時対策が講じられていたのである。すでに述べたように、福島第一原発では、非常時用ディーゼル発電機12基が防水対策のない建屋の地下室に並列されていた。それが典型的な例である。しかもその大半は海水を用いた水冷式なので、揚水ポンプは海面から数メートルのところに設置されていた。福島第一原発を襲った津波の高さは15メートルであったが、それよりもっと低い津波でもポンプは浸水し、機能しなくなる可能性が十分あったのである。そうなれば水冷ディーゼル発電機が動かなくなるのは当然だった。また空冷式もあったが、配電盤が浸水してしまい機能しなくなった。たまたま空冷式発電機を一基だけ高台においていたのが幸いして、5号炉と6号炉の冷却ができたのだ。いま考えると、とても危うい状況であった。

このように、他の分野では当たり前とされる防護に関する多様性が、日本の原発には欠如していた。この例を1つ取っても、他分野から学ぶという謙虚な姿勢を持たない原子力ムラの深刻な側面が垣間見られる。この謙虚な姿勢を関係者で共有するように変わらなければならないだろう。何度も強調するが、これは過去そして現在も、取り上げやすいハードウェアの改善の問題ではなく、常に最善のリスク・マネジメントを他のあらゆる分野を含めて情報収集し組み込んでいく行動を確保するように運営システム・ソフトウェアを組み立て直すという問題なのである。しかしながら、その基本的な理解が欠けているのか、この状況が3・11事故のビフォアとアフターとでの大きな変化を示す証拠は何ら見られない。

2・4 原発システムをデザインできるマスターマインド

1970年代に始まった日本の商業用原発建設は、当初は先行する外国を手本とし、しだいに国内の先例を基にして技術改良を重ねてきた。そして現在に至るまで、54基が設置された。この間、極めて深刻な事故というのは起きなかった。たとえば、2007年の中越地震でも柏崎苅羽原発が被害を受けたが、幸い放射能漏れもなく、地域住民を巻き込む大事には至らなかった。そのせいか、原発設計における基本的な境界条件は大きく見直されることがなかった。スリーマイル・アイランド原発事故、およびソ連チェルノブイリ原発事故以降、世界の潮流が変化していることに対する理解という面でも、日本の専門家は時代感覚の鋭敏さを欠いていた。そして、3・11という「想定外」の事故が起こったのだ。

当時、「安全神話」に反するような複合災害は想定されていなかった。事故が発生すると時々刻々と状況は変化するが、そのような事態への迅速かつ柔軟な対応能力を明確に定義し、構築する作業は行われていなかった。当然ながら、そのための専門家を育ててこなかった。しかし、いったん事故が起きると、それらがすべて白日の下に晒された。

とはいえ、もっと重大な問題は今回の失敗にもかかわらず、いまだに緊急事態への対応能力を定義して、それに必要な人材を育てようとしていないと見えることだ。それだけでなく、3・11事故で直面した課題を総合的に解明し、リスクを抜本的に改善するプロデューサー的な人物、あるいは「マスターマインド」と呼ぶべき集団が見当たらない。そういう人物あるいは集団が必要だという認識も存在していない。本来、原子力規制委員会がそれに当たるのかもしれないが、そういうお墨付きを与えられているわけではなく、「問題の裏返し」的対策の検討という局所的対応に任せてしまっているようだ。その間に作業の「日常化」という形での3・11事故の風化が進んでいるとさえ言える。

原発の再稼働を検討するならば、まず何よりも、このような悪循環から抜け出すことが前提だ。そのためには、「安全神話の呪縛による思考停止」が中核課題であることを認識し、その決別から開始する必要があるのだ。

第3章

良循環を形成する——中核課題への対応

1——「中核課題」を定義する

1.1　「安全神話」との決別

原発をめぐる「安全神話」に対して、我々は決別をしなければならないことに議論の余地はない。過去の時期はいざ知らず、3・11事故を経験した現在では、それが虚構であることを人々は十分に理解しているはずだ。まずは過去の経緯としがらみを振り切って、「安全神話」を明確に否定するところからスタートすべきなのだ。

すでに述べたように、ここで新たに境界条件を設定する必要があるが、そのためには「原発にゼロ・リスクはあり得ない」ということを再認識しなければならない。人間が作り上げたすべての装置に対して、「ゼロ・リスク」であってほしいと我々が期待するのは自然な感情だ。しかし、論理的に考えるとそれはあり得ない。たとえば、東京の街を歩いて交通事故に会う確率はゼロではない。毎日200件程度の交通事故が起きている。したがって、東京の住民にとって百万分の一より大きな確率だ。誰でもすぐに理解できる事実である。それを我々は受け入れて日常生活を送っている。

現実を直視すれば、原発にもリスクがあるのは明らかだ。それゆえに、国全体で常により安全なものを追求する努力をすべきであった。すなわち、政府や原発関係者はリスクを限りなくゼロに近づけるための弛まない工夫を行い、緊急時に対応すべき地方自治体、そして、実際に被害を受けてしまう地域住民や国民がその営みを常に問いただし、自分の感覚を鋭敏に保ちながら監視を続けるべきであった。

「そんなことは自明ではないか」という人がいるかもしれない。しかし、それが国民全体に「我々にも責任の一端がある」という形で理解されているだろうか。誰もが「安全神話」による呪縛から完全に解放されないといけないのだ。その意味では、3・11事故の記憶が鮮明に残っている間が最も重要な時期である。そして、この時期はそんなに長くはない。「理想に限りなく近い現実解」を徹底的に追い求める強い気持ちを維持できるのは一定の期間に限られる。時間が経ってしまうといつの間にかうやむやになって、昔ながらの既得権益の世界に帰ってしまう。それが人間の本質であり、組織の常だからだ。そうして悪循環が継続することになる。

1.2 リスク極小化のための改善の可能性

いま必要とされるのは、政府および原発関係者がこの状況に決別することだ。なし崩し的ではなく、メリハリの利いた明確な変化が求められている。そのための度胸ある決断が要求されている。これまでは、「「安全」なのだから、大々的な避難訓練などをして地域住民を不安に陥れるようなことをしてはいけない」というのが政府関係者の考え方であった。その結果、実際の事故では何の役にも立たない、形式的な避難訓練しか行われてこなかった。また、「日本の原発技術は世界最高水準なのだから、日本ではスリーマイル・アイランド原発事故やチェルノブイリ原発事故のようなことは起こらない」と専門家や関係者は主張した。それを多くの人々は信じていた、あるいは信じようとしてきた。こうして自分たちをごまかしてきたのである。まさに「安全神話」という呪縛による思考停止でもあった。これが悪循環の原因である中核課題なのだ。こういう時によく使われる英語表現がある。「Don't fool yourself. Let's face it.（自分をごまかすのは止めて、現実を直視しよう）」。そのための度胸を出すべきであろう。

原発を再稼働するかどうかの議論の前にやるべきなのは、「原発には常にリスクがあると同時に、それを極小化するために限りない改善が可能である」という根本的な発想の転換を行うべきである。そのうえで、原発関係者は最重要課題としてリスク極小化対策に徹底的に取り組み、考えられる限りの改善に注力し続ける。そして、「あれか、これか」の発想を転換し、「あれはあれ、これはこれ」、すなわち、それでも万一事故が起こってしまう場合も想定して、政府が地域住民また国民全体の生命の安全、および生活基盤の確保を最優先することを大前提に速やかな行動を準備万端整えておく、という決意をすべきだ。それを全国民に向けて明確に表明する。そして、この決意の内容と具体的施策に関して繰り返し説明を行うことで、国民の十分な納得を確保したことを確認し続けなければならない。これは技術の議論とは別の次元であって、つまり国の方向付けと決意という問題である。その声明を出すのは原子力規制委員会のような行政機関ではなく、あくまで内閣総理大臣であるべきだ。

本書の言う原発システムのデザインでは、このような原発に関する国の意思決定プロセス、その際の地域住民や国民の参加形態、安全最重視の技術開発、緊急時の迅速かつ適切な対応、このシステムを支える人材の育成・配置などを視野に入れている。そのデザインを見極めたうえで、それに沿ったかたちで再稼働をするか否かの議論を進めるべきであろう。

3・11事故から8年近く経った現在でも、原発に関する議論が割れている原因の1つは、政府が大枠の方針転換を宣言し、これまでと決別した行動を起こさないまま、法的に狭い範囲の責任しか持たされていないはずの原子力規制委員会に頼って、全体観の欠落した動きをしていることだ。

それでは、「原発には常にリスクがあると同時に、それを極小化するために限りない改善が可能である」という発想を社会全体で共有することから、どのような良循環が生み出されていくだろうか。以下で原発システムのデザインを試みる。

2――原発システムで考えられる6つの良循環

中核課題からスタートする

「良循環」のパターンは、実はたくさん考えることができる。しかし、良循環は悪循環の裏返しではない。したがって、前述の3つの悪循環を裏返しても優れた良循環はできない。たとえば、「国民が原発に無知なまま専門家任せにする」ので、その裏返しとして「国民が原発に関心を持って専門家任せにしない」という方向もあり得る。全く正しいのだが、「親孝行をしよう」「世界平和を達成しよう」などの掛け声と同じだ。誰も反対しないが、実際的な効果を上げるためには具体的に何をしたらよいのか、通り一遍以上のアイデアは浮かばないだろう。これでは良循環を形成できる可能性は高くない。

図 3-1　原発関係者の間で形成すべき良循環

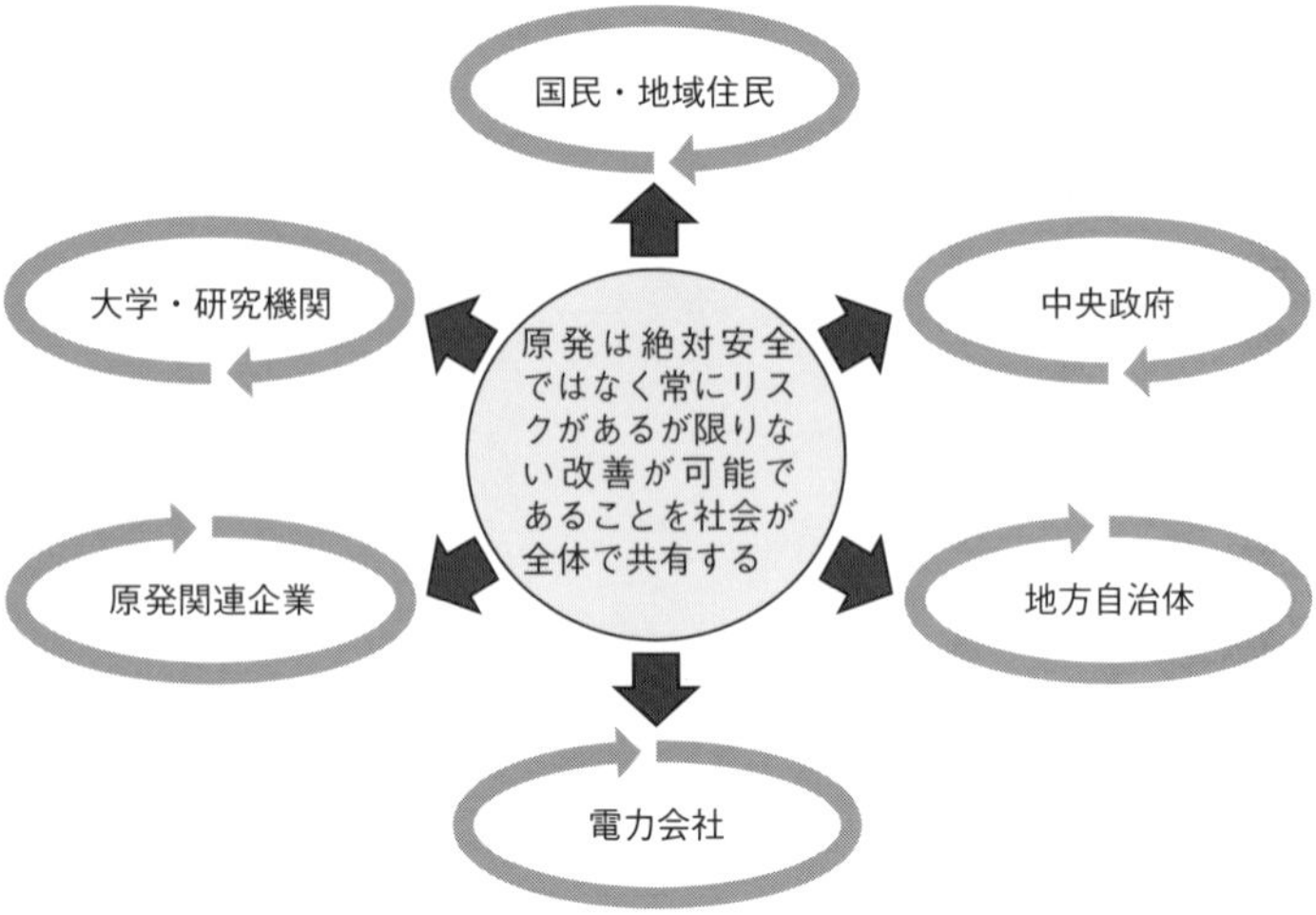

そうした方法を選ぶのではなく、まずは中核課題からスタートすべきだ。それによって、より具体的な行動のアイデアが湧くだけでなく、次のステップ、その次のステップ……という循環的な展開を考えることが容易になる。今回、中核課題を安全神話からの決別、すなわち、「原発は絶対安全ではなく常にリスクがあるが、それを極小化するために限りない改善が可能であることを社会全体で共有する」と設定してみる。

さらには、同じ中核課題からスタートしても、発想の視点をどこに置くかによって、数多くの良循環が考えられる。今回は6つの、立場の違う当事者から発想して、良循環を組み立てた（図3-1）。すなわち、国民・地域住民、中央政府、地方自治体、電力会社、原発関連企業、大学・研究機関の6つである。しかしながら、この中にマスメディアは入っていない。なぜなら、6つの当事者がとるべき行動の良し悪し、注力度などに対してマスメディアの報道がこれら当事者の行方を左右してしまい、良循環の形成に大きく影響を与えるからだ。その役割に関しては、「トランスサイエンス」という視点から、第7章で議論する。

国民・地域住民の良循環

国民・地域住民の立場から、作り出すべき良循環を描いてみた（図3-2）。まず中核課題から出発すると、原発のリスクの対策を専門家に任せるのではなく、もっと自分たちも当事者と

図 3-2　国民・地域住民が作り出すべき良循環

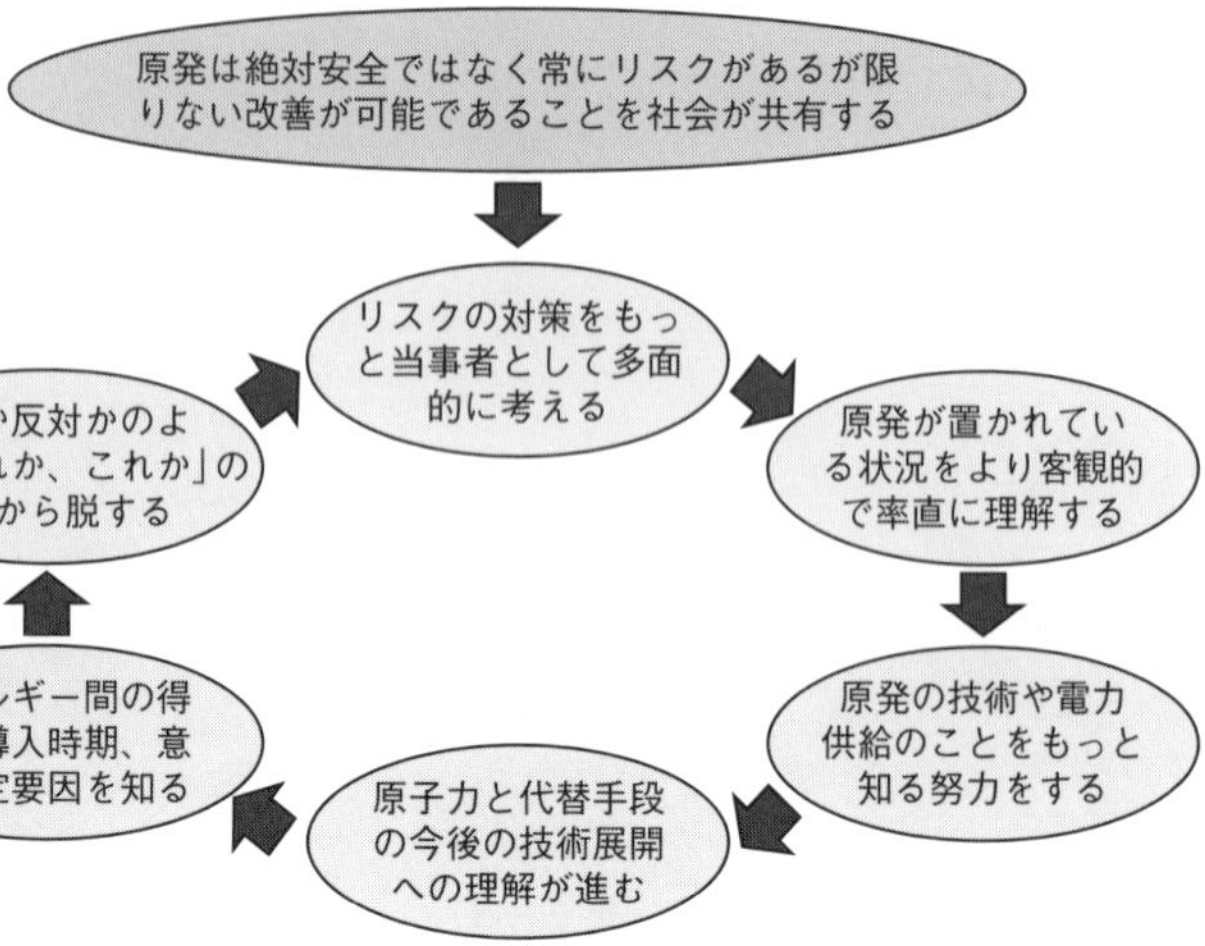

して関心を持ち、多面的に考え始める。次にいろいろな情報に関心を持ち、入手することで、原発が置かれている状況をより客観的かつ率直に理解するようになる。そのために原発技術や電力供給の課題について関心が出てきて、もっと知る努力をする。また、原子力およびその代替手段であるその他のエネルギー供給技術に関して、今後の展開への理解が増す。それによって、原子力および代替エネルギー間の得失、それらの導入可能な時期、その意思決定に関わる多様な要因と絡み合いを知るようになる。そのような行動を通じて、賛成か反対かという「あれか、これか」のどちらかの立場をとって、それ以上知ろうとしない思考停止の状況からも脱却する。

そして、あらためてリスクに対する対策を当事者として、より客観的に考えるようになる。このように良循環を形成していけば、将来のエネルギーミックスのあり方、その変化の可能性、その中での原発の得失を見極められるようになり、そして原発を賢く扱う知恵を段々と身につけていくであろう。それを筆者は「賢い日和見」と呼んでいる。当然、国民や地域住民の一部しか、こういう展開をしないだろう。とはいえ、自分の主義主張とは別に、「あれはあれ、これはこれ」という発想でより状況を理解し、「不都合な真実」であっても避けて通らない、柔軟な思考をするオピニオン・リーダーになってくれる可能性は高い。

中央政府の良循環

中央政府が作り出すべき良循環を見てみよう（図3-3）。まず安全確保に徹底的にこだわっていることを国民に明示することが重要だ。これまでの経験からも、隠蔽はネガティブな結果しか生まないことは明らかである。また、イギリス政府の牛海綿状脳症（BSE）[25]に関する対応の失敗から、徹底的な情報開示に転換した経験などからも学び、いろいろな情報を良い話も悪い話も隠蔽することなく常に提供する。その情報をもとに国民と議論を続けることで、ためにする議論がだんだんと減っていき、最新の状況を共有し、お互いの立場の冷静な理解が進む。

特に緊急時を想定して、人命の保護を最優先するための十分な対策を準備する。そうした考えに基づいた緊急時の意思決定体制を国民・地域住民に示し、反応を確かめ改善する。その際に必要な人材の訓練・育成を続ける。こうして中央政府による全体の体制が国民・地域住民に納得感があるように形成され、運営されるようになる。それによって安全性が常に向

25 ウシの脳が萎縮して海綿状になる感染性の中枢神経疾患。異常型プリオンが原因で発症する。1986年、イギリスで発症を確認。人への影響は明確ではないが、飼料の検査、殺処分などの安全措置がとられた。

図 3-3　中央政府が作り出すべき良循環

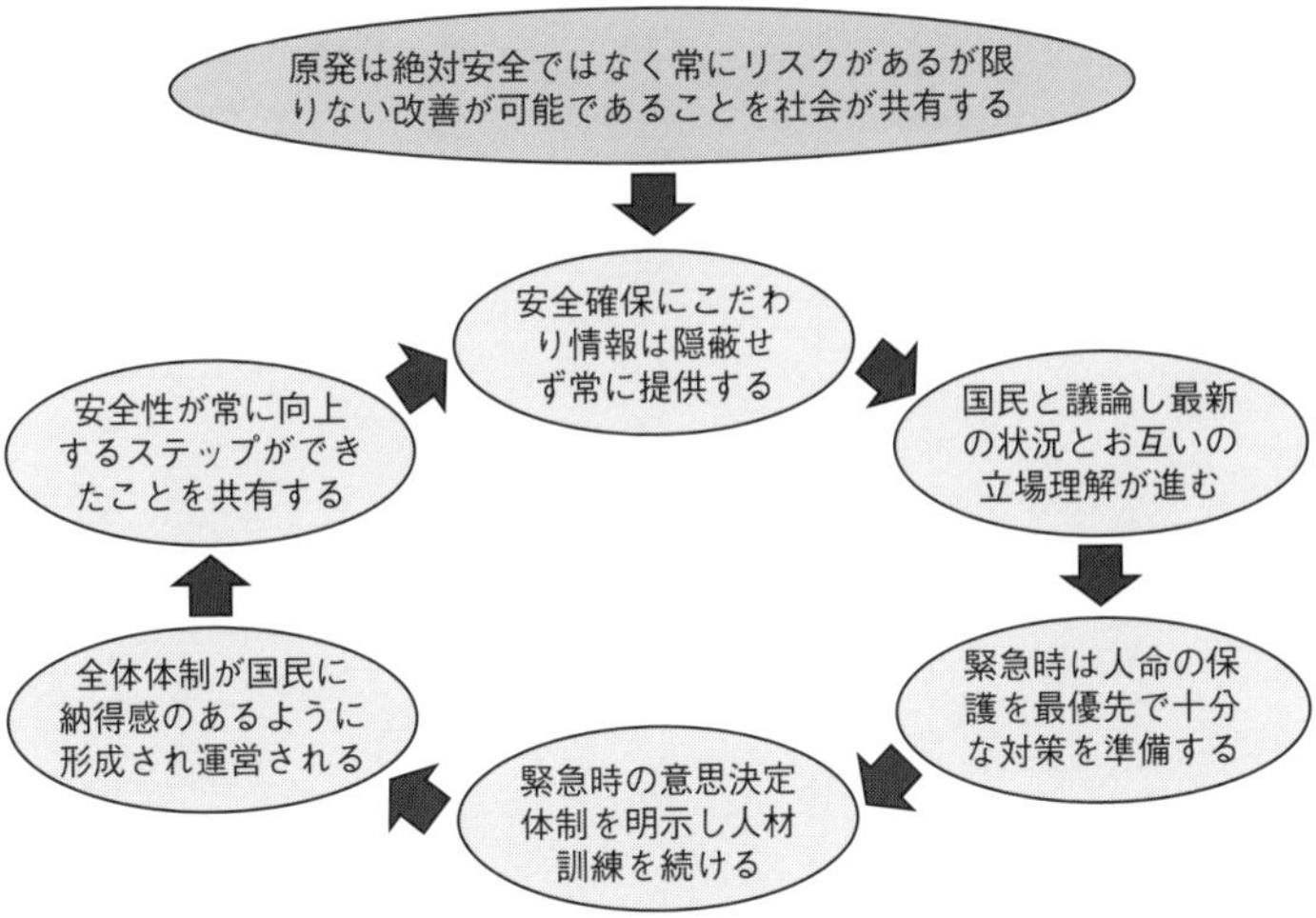

上するステップができたことを国民・地域住民と共有する。

このステップを基盤にして、安全確保により一層こだわり、その成果に自信を持ち、良い情報、悪い情報を隠蔽することなく常に提供することで、大多数の国民・地域住民の信頼を確立していく。

地方自治体の良循環

地方自治体が作り出すべき良循環では、次のような流れになる（図3-4）。地域住民を巻き込み、共同して地域経済への影響など原発の利点と内在するリスクの理解を進める。そのことで、地域住民が目を背けながらも潜在的に持っていた原発へのリスク感覚が顕在化し、どの程度のリスクを覚悟するのかなどの極めて困難な問題を人任せにせず、自分のこととして真剣に捉える人が増えていく。地域住民にそのような当事者意識が着実に広がっていくことを確認しながら協議を続け、緊急時対策を具体的に立案する。また緊急時避難等の訓練や実際的演習を繰り返し行う。それらの結果を共有し、新たに発見した問題点を地域住民と議論しながら改善案を練る。そして地域住民の原発に対する意識と心構えが向上するようになれば、地域住民との共同作業を行いやすくなっていく。

図 3-4　地方自治体が作り出すべき良循環

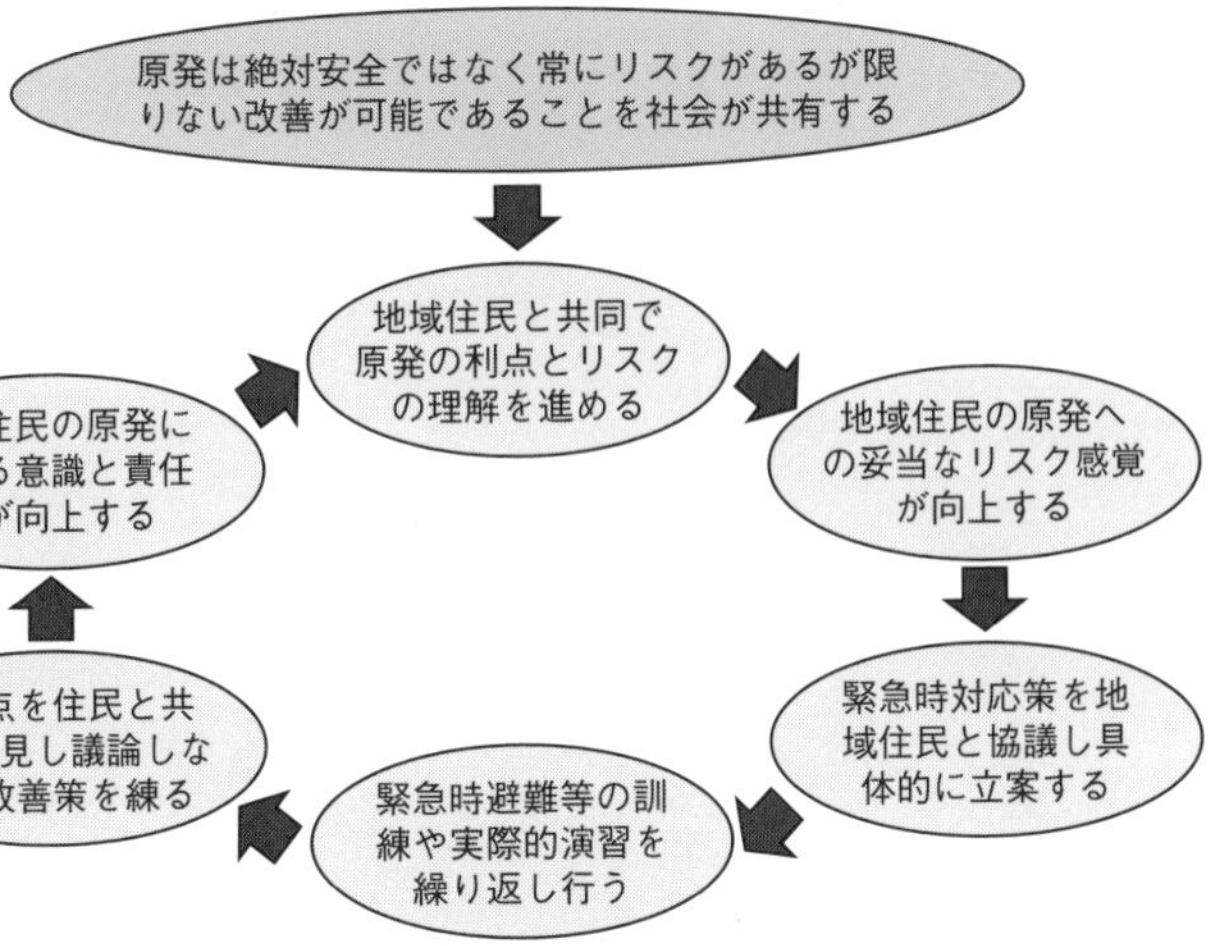

電力会社の良循環

電力会社が作り出すべき良循環も見ておこう（図3-5）。「法律や規制を守った運転」という受け身の対応を超えて、「絶対に人を事故に巻き込まない運転」という、より積極的な発想へ転換する。そのための体制を電力各社が徹底的に追求していることが開示され、世間の評価につながり、安全性向上策を業界全体が競って組み込む習慣が出来上っていく。そうした習慣の獲得により、各社ともにこれまでの「日本の原発は安全である」という自己満足から抜け出し、世界最先端の原発システムの動向への関心が高まる。同時に原発の背景にある社会の価値観の変化に敏感になり、それに対応しようとする技術を超えたマネジメントのあり方など、最先端の知見を得られるようになる。

最先端の知見をもとに、技術のロジックだけでなく社会の価値観も理解した「社会システム」としてのいろいろな改善策を含めて、地域住民と率直な対話ができるようになれば、当事者意識を向上させつつある地域住民とのお互いの理解が進み、議論を通じて共通の安全目標ができるようになる。地域住民とのそうした率直な対話のなかから作られた安全目標をもとに、自信を持って法の遵守以上の安全運転の体制を徹底的に追求し続ける。

図 3-5　電力会社が作り出すべき良循環

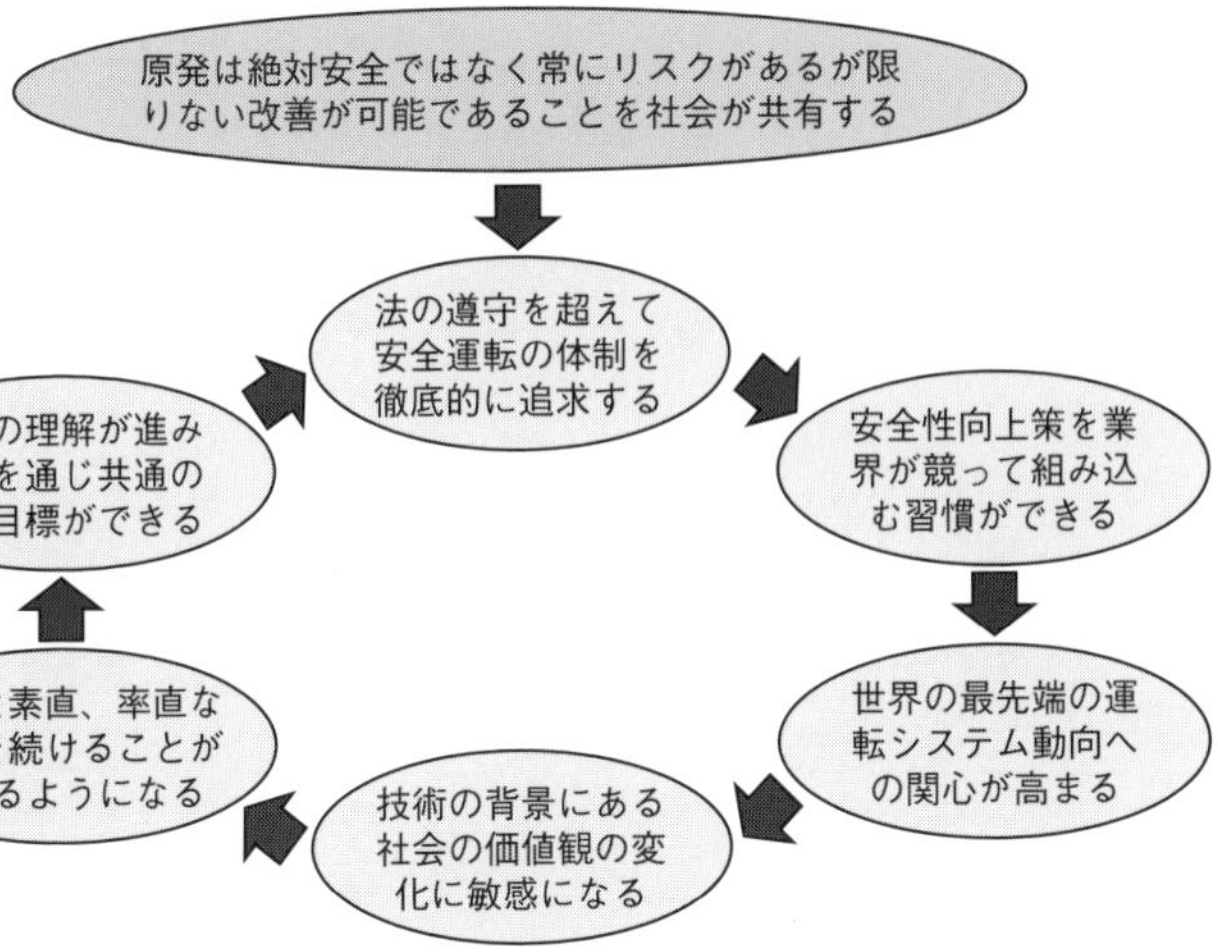

原発関連企業の良循環

原発関連企業が作り出すべき良循環は、次のようなものだ（図3-6）。まずリスク基準を明確にして、常にリスクの極小化を追求し続けるような企業文化を醸成する。そのために3・11事故の経験から、安全性向上に効果のある技術開発の方向を見極める。それをもとに、原発の既存技術の徹底的な改善に加えて、すでに選択肢として挙がっている安全性のより高い新世代の技術を追求する。それによって、世界における最先端技術の開発の状況、また原発の受け入れの動向を注視し、それらの評価に関する検討を続けていくことが習慣になる。当然、現在はそのような方向に進み始めているであろう。加えて重要なことは技術のロジックだけでなく社会の価値観の視点を持ち、「絶対に人を事故に巻き込まない運転」におけるリスク感覚を磨くために官庁、業界だけなく、国民との議論の場に積極的に参加する。そのような活動を通じて、時代の流れと社会の動向を汲み取り、常に自社のリスク感覚を確認し、そのリスク基準の一層の高度化および盲点の排除を追求する。エネルギーミックスの中で、原発が一定の役割があり続けるという主張をするならば、少なくともこうした取り組みは不可欠であろう。

図 3-6　原発関連企業が作り出すべき良循環

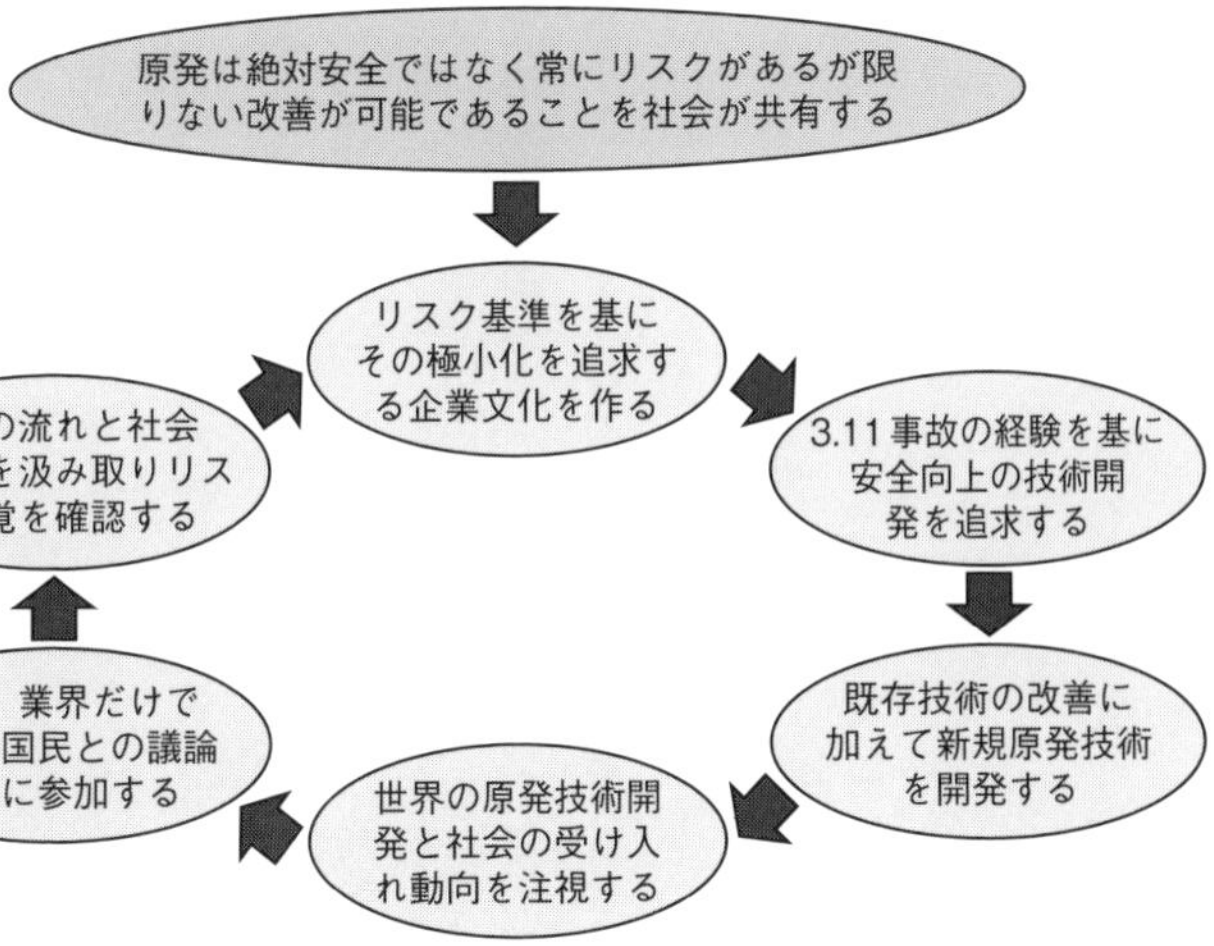

大学・研究機関の良循環

最後に、大学・研究機関が作り出すべき良循環を見ておこう（図3-7）。まず原発のリスク低減のために、ハードウェアと運営システム・ソフトウェアの両面からこれまでのあり方を徹底的に見直したうえで、多様な技術開発の方向を決めて追究を進める。それが将来性のある選択肢として広く知られるようになれば、研究者から学問的テーマとして取り上げられ、専門分野としての認知が高まる。こうした原発の研究に対する世間のポジティブな関心が高まり、研究者として少なくとも数十年のキャリアの展望が見えてくる。その影響で大学・大学院でこの分野を志望する学生が増える。さらには研究・教育の予算が増加し、原発に関する研究テーマを増やすことができる。原発と周辺技術において、多様な選択肢が広がる研究が進む。その結果、実現可能性のある新技術が生まれる確率が高まる。そして国民の納得するようなリスク低減のために、多様な技術開発がいっそう進む。

以上、6つの良循環をデザインしたが、これらは観念的な理想主義にすぎず、実現するはずがないと言う人は必ずいるだろう。しかし、これは「自己実現する予言」と捉えるべきなのだ。上手くいかないと言えば、誰もがそう思う。当然、必要な資源も投入されず、努力もしない。だから結果として失敗する。逆に上手くいくと言えば、それを信じてくれる人も出てく

図 3-7　大学・研究機関が作り出すべき良循環

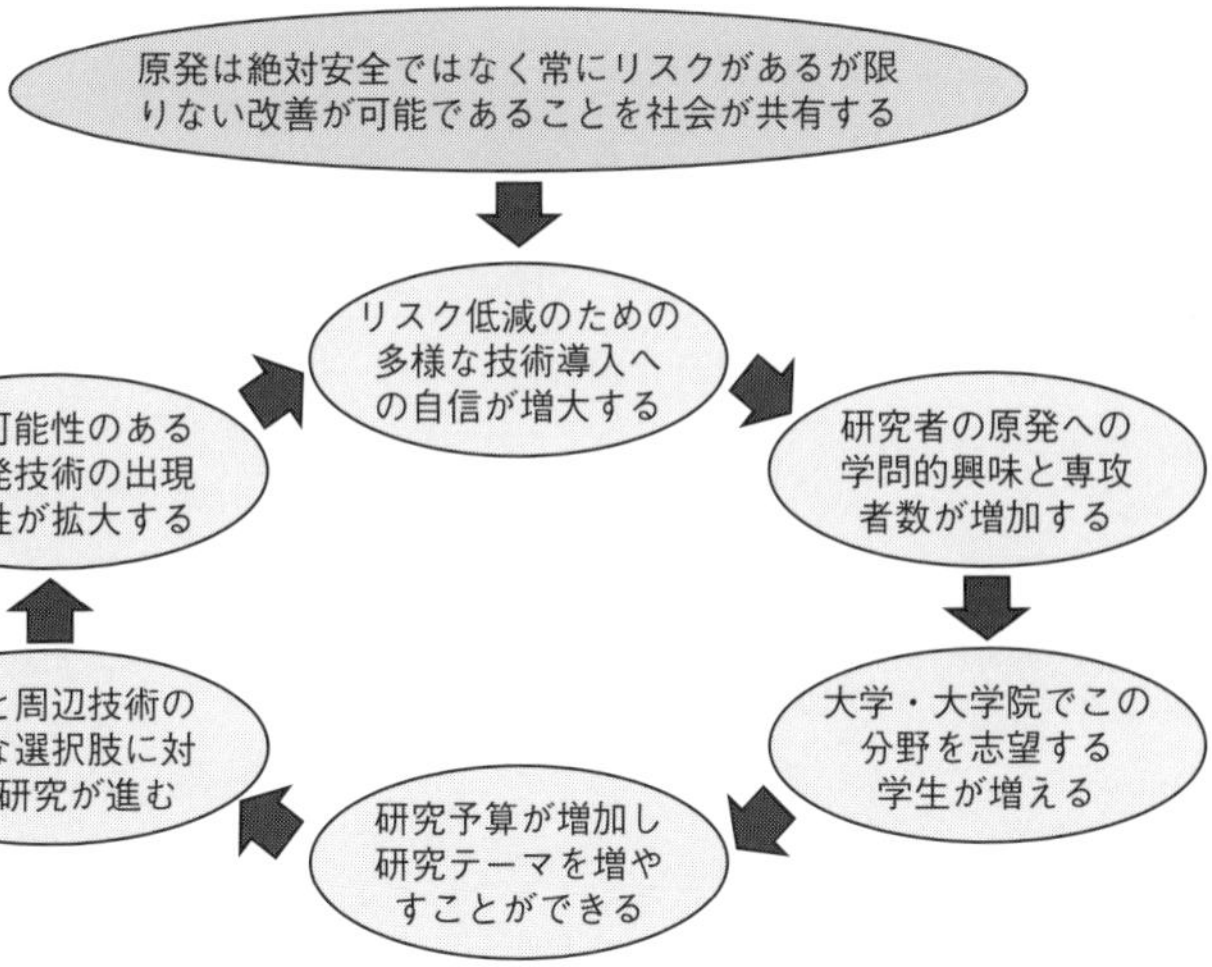

る。そうなれば資源も十分に投入され、本気で努力し、結果として成功する。現状のまま何も行動しないことにつながるような否定的な予言を避け、いまこそ前向きな予言をして、ここに示した関係者の積極的行動を誘発すべきではなかろうか。今日明日の短期志向ではなく、今後数十年にわたる原発システムの賢いマネジメントのために必要な行動である。

ここに示した良循環が大きな成果を示すまでには時間を要するであろう。しかし、わずかでも着実にこの循環が回り始めれば、人々の懐疑心やシニカルな気持ちが少しずつ消えて、しだいにポジティブに見てくれるようになる。この循環が何度も巡って、事態の動く兆しが現れ、人の気持ちが変化していくことが大事だ。そういう循環で「自己実現する予言」が効果を持ってくる。これが良循環というプロセスなのだ。

とはいえ、ここで描いた理想的な状況に完全に変えられるとは期待しない方がいい。半世紀近くをかけて出来上がった原発の「利権構造」と言われる状況がある。それがどの程度強固なのか筆者は知る由もないが、その状況が簡単に変わるというナイーブな考えは持つべきではない。変化があるとすれば、「望ましくない利権構造」から「許容できる利権構造」への移行ということでしかない。

「望ましくない利権構造」とは、これまで述べてきた課題に目を向けず、「安全神話」からの脱却もせず、新たな境界条件も受け入れず、逆風の間は首をすくめていて、それが過ぎれば昔ながらのやり方を続けようとするタイプだ。それに対して、「許容できる利権構造」とは、基本的な利権構造をご破算にしないまでも、これまでのやり方を見直し、変えるべきは変え、原発のリスクを極小にすることに本気で取り組み、そのための新しい境界条件を受け入れ、自分たちの考えを全面的に否定しないまでも、仲間内だけで事を動かす内向き対応を減らし、他人の意見にも耳を貸すような態度で応じるタイプと言える。これは言葉の矛盾なのかもしれない。しかし、すべての事象は良い面と悪い面と必ず2つある。良い面を見つけて、それを伸ばせばいいのである。それが現実的な期待であろう。

3——原発システムに対する「社会の価値観」

3・1 「技術のロジック」と「社会の価値観」

原発システム・デザインの手法で重要なサブシステムの抽出について話を進める前に、本書で言う「社会システム」に関して再確認しておきたい。「社会システム」は、「技術のロジック」と「社会の価値観」の両方に影響され、後者は国や地域によって異なるということを述べた。「社会システム」としての原発システムに関しても、世界の主要国では歴史や風土、意思決定の文化などを考慮した独自のものを組み立てている。

しかし、社会の価値観によって、各国の原発システムが何もかも決定されてしまうわけではない。たとえば、安全性向上とリスク管理は社会の価値観で決まるものではなく、マネジメントという普遍性の高いロジックに影響されるべき分野である。ＩＡＥＡの「深層防護」という基準も極めてロジカルなリスク・マネジメントの発想である。原子力規制委員会の責任範囲は3層までで、4層、5層は地方自治体に任せるという対応を見る限り、日本政府はこれを徹底的に受け入れているとは言い難いが、文化の違いなどの社会の価値観はその理由にはならない。

このような原発システムの側面を丁寧に見たうえで、日本特有の「社会の価値観」を決定論的に捉えることなく、その価値観を上手く活用しながら、より良いデザインがどのようにできるかを考えることが実際的なアプローチである。以下で、いくつかの国における原発システムの現状を見てみよう。

3・2 アメリカのチェック・アンド・バランス体系

アメリカでは、原発の規制側として原子力規制委員会（Nuclear Regulatory Commission：ＮＲＣ）、そして推進側としてエネルギー省（Department of Energy：ＤＯＥ）が並存しており、それによってチェック・アンド・バランス[26]の体制を採用している。このチェック・アンド・

バランスは、アメリカの建国以来の「社会の価値観」と言える。そのほかにも連邦政府と州政府、大統領府と議会、二大政党政治……といくらでも数え上げられる。イギリスの植民地から独立して以来、国王がいたことはなく、草の根的民主主義から積み上げていった歴史に基づいていているせいなのか、何より権力集中を嫌う文化である。原発システムに関しても、そうしたアメリカの独特な文化的伝統と背景があると考えられる。

また、アメリカ文化は競争原理のポジティブな側面を信じており、その見方は少なくとも日本人より強いようだ。アメリカの電力会社数は3000以上あり、原発も100基近く作られているが、1979年のスリーマイル・アイランド原発事故の後に設立された原子力発電運転協会（Institute of Nuclear Power Operations：INPO）では、原発に対する政府の規制を守るのはもちろん、規制以上に運転の品質を改善する工夫を常に行い、安全性を高めることを目指している。そのような方向に駆り立てる仕組みとして、電力会社間のよい意味での「仲間からの圧力」（Peer Pressure）が機能している。まさに「法律・規則を守った運転」から、「絶対に人を事故に巻き込まない運転へ」という考えに向けた競争である。

一方、アメリカのINPOとは違って、日本の電気事業連合会（電事連）はどちらかというと日本の規制業種によく見られる護送船団方式に近い。護送船団とは、最も船足の遅いもの

26 権力機構を分割し、その相互の抑制と均衡によって政治権力の専制を防ぐこと。抑制均衡。

にスピードを合わせるという意味である。したがって、電事連においても電力会社間に能力のデコボコがある場合、一番弱いメンバーを守ることが暗黙の了解になっている。そこでは、メンバーの誰よりも速く改善を進めたいというインセンティブが働かない。当然ながら、規制がないと努力がおろそかになりがちだ。そして規制を超えてまで努力する理由もなくなる。

ただし、これは日米の「社会の価値観」の違いで済ませてしまうような問題ではない。そのような決定論で終わらせるのではなく、それぞれの国の歴史や文化を背景にしながら、また別のシステムをデザインするという能動的な発想が必要だ。アメリカのようにはできないといって諦めるのではなく、日本的なインセンティブと競争心を活用するシステムをデザインすることは可能なのだ。すなわち、事業者間で安全性向上・リスク管理の経常的な工夫をし、改善を促すシステムをデザインすればよいのである。日本でも電力の自由化を進めるにあたって、そうした発想を働かせることが必要だ。

3·3　フランスの原子力安全透明化法

フランスの原発事情は、アメリカとは全く違う。電力会社はフランス電力（Électricité de France：ＥＤＦ）だけであり、それが60基弱の原発のすべてを保有している。一社独占なのだが、それはＥＤＦが最近までフランス電力公社という国営組織であったという歴史的背景がある。フランスでの原子炉の設計、製造、建設を一手に引き受けてきたアレバは上場しているが、株式の99％はフランス政府が所有している。また当然のことだが、電力分野以外を含めてアメリカとはかなり違う企業風土、組織文化を持っているのがフランスである。したがって、アメリカとは異なった原発システムを作り上げている。

２００６年に施行された「原子力安全透明化法[27]」は、フランスの置かれている特殊な状況によって出来上がった。すなわち、すでに電力供給の80％近くを原発に依存していたこと、電力会社、原発開発会社などが基本的に原発を独占していたことを背景にしている。このような状況であれば、日本の「原子力ムラ」以上の強固なコミュニティが存在し、必然的に隠蔽体質になりがちであると誰もが考えるだろう。実際、フランス政府が原発に関する事故などの事実の一部を隠蔽していると国民は思っている。その意味で、「透明化」という表現を法律に組み込んだことは、原発の将来に対する強い意志の現れを示している。

特に、この法律の下で正式な形で設置された30の地域情報委員会（ＣＬＩ）は、国民の間の幅広い議論と、それによる理解とを目指している。必ずしも合意形成するわけではなく、情報の透明化を念頭に置く。そのことは参加者の構成に関する考え方にも表れている。地方議員

27 「原子力に関する透明性及び安全性に関する２００６年６月13日の法律２００６-６８６号」のこと。Loi n°2006-686 du 13 juin 2006 relative à la transparence et à la sécurité en matière nucléaire.

50%以上、環境保護団体10%以上、労働組合10%以上、専門家・有識者10%以上が参加者の比率である。当然ながら、原発に賛成する人も反対する人もいる。専門家が自分たちだけでなく、誰もが分かるレベルで議論ができるように工夫もされている。そして、すべては公開討論である。

筆者はこの地域情報委員会のメンバー数人にインタビューしたが、こちらから質問をするまでもなく、彼らは詳細に話し続けてくれた。この委員会の仕組みは論争好きなフランス人気質というか、いわゆる「フランス文化」に適した情報公開システムだと納得した。多様な参加者が集い、発表側と質問側という形ではなく、それぞれが当事者意識を強く持って、現実的な方向を議論する場は日本でも試すべきであろう。専門家でない人たちが意思決定に参加するのは非現実的であり、それはできないという反論は説得力を欠く。「有識者」と呼ばれる、自分の専門以外では素人でしかない委員が参加し、相手の体面を傷つけないようにしながら発言をしがちの日本の委員会の方が、課題を縦横斜めに議論し尽くすという面で劣っているかもしれないのだ。

こうしたフランスの仕組みは、たしかに日本の文化、風土、歴史に合わないかもしれない。しかし、我々が原発の将来に取り組むために、同じような議論を尽くす姿勢とそれを可能にする場は日本にも必要だ。率直に議論する文化を日本の風土に合った形で組み立てるのも、「社会システム・デザイン」の1つなのである。

3・4　ロシアの非常事態省の存在

ロシアの原発に関する取り組みは、アメリカやフランスとは全く違ったシステムになっている。これもロシアが経験した歴史的経緯、文化的特性を反映したものであろう。1994年に、ロシアは非常事態省（正式名：民間防衛問題・非常事態・自然災害復旧省）を設置した。1989年のチェルノブイリ原発事故が起きたウクライナ、さらにベラルーシにも同じ名称の組織が存在する。この名称から分かるように、正式には原発事故だけでなく、幅広い非常事態に対応するのが目的だ。とはいえ、設立時期を考えるとチェルノブイリ原発事故の影響が大きいと思われる。

ちなみに、2003年にアメリカでも同じような名称の国土安全保障省（United States Department of Homeland Security：DHS）が組織された。これは9・11のショックに対応する動きとして、当時のブッシュ大統領によって編成された。したがって、テロ対策を中心にした組織である。原発事故対策は、むしろ原子力規制委員会（NRC）が中心のようだ。「原子力施設に対する攻撃の可能性」に備えた特別の対策を各原発に義務づける命令は「B・5・b」と呼ばれるが、それもNRCの主導で行われている。このB・5・bの内容は国家安全保障の観点から公開されていないけれども、その中には福島第一原発で発生した全交流電源喪失に加えて、直流電源喪失の際の対策を打つことをアメリカの各原発に要求していると言われている。

3・5　3・11事故後の日本に必要な新たな境界条件の設定——「いかなる場合も人命を守る」

翻って日本の状況を見てみると、いまだに「問題の裏返し」的で、オンサイト（原子炉のある敷地内）の対策中心であり、事故を契機に発想を転換し、境界条件を抜本的に変えようという意志が明確に見えない。

今回、東海村ＪＣＯの臨界事故（１９９９年）後の対策が、３・11事故の状況では効果のないことを経験した。ほとんどの対策は敷地内中心であり、地震や津波を想定していなかった。周辺住民の避難という問題も発生しなかったため、実際に直面したことの「問題の裏返し」の対策立案・実施以上は行わなかった。その結果、福島第一原発の周りに24あった、大気中の放射線量を継続的に測定する装置であるモニタリング・ポストのうち、20は地震で壊れてしまった。また、オフサイト・センター[28]は電源がきちんと作動しなかっただけでなく、原発から5キロメートルという近い距離にあったため、放射線の影響を避けるために早々と撤退することになってしまった。

要するに、全体方針の基本になる暗黙の前提が、明らかに間違っていたのである。すなわち、「想定外」が起こる可能性が高いことを想定していなかった。全体方針とその枠組みである境界条件を疑うこと、必要であればそれを再設定するという発想が欠如していたことが原因である。3・11事故を経験した後では、同じ轍を踏まないためにも、新しい境界条件を設定しないといけない。

では、どういう境界条件が望ましいのであろうか。それはすでに述べたように、「いかなる場合も人命を守る」という境界条件である。当たり前のようだが、これまで明示されたわけではない。したがって、これを掲げるのは境界条件の大転換と言える。しかし、それを企て、実施するのは誰の責任なのか、実は不明のままである。それができる高い見識と法的権限を持った組織は存在しない。原子力規制委員会にはそうした役割を与えられておらず、新たな境界条件をどうするかの議論もされていないようだ。その必要性さえ認識されているのか疑問だ。

全体の枠組みが明確にされないまま、個別の議論だけが進行している。本来は個別の対策を開始する前に、それこそが取り組むべき課題である。

28　1999年に茨城県東海村で起きた臨界事故をきっかけに、全国の原発などの周辺22か所に設けられ、政府や自治体、それに警察や自衛隊などが一堂に会し、原子力事故の対応や住民の避難方法を決めるなど具体的な対策にあたる施設。

第4章

新しい「社会システム」をいかに捉えるか

——電力需要・供給システムの変化への対応

原発システム・デザインを進めるためには、電力の需要・供給システムを俯瞰しておく必要がある。これまで日本では、戦後の経済復興のために「はじめに電力需要ありき」の前提があったので、「需要」に関してはあまり議論されず、「供給」の能力ばかりが注目されてきたようだ。しかし、現在では供給側だけでなく、需要側の変化についても理解することが大事だ。それらの変化がエネルギーミックス（電源構成）に大きく影響するからである。需要と供給に関して、一見当たり前に思われるが、そうは受け取られていない事柄を取り上げてみよう。

1――自然エネルギーの需給を調整する火力発電

まず現在の電力需給システムというのは、電力を備蓄することができない。つまり蓄えておいて、後から使うということは、NAS電池[29]が小規模に使われているが、ほぼ不可能である。とはいえ、今後その状況を変えるために、需給の自由度を拡大させる蓄電技術が発達することは確実だろう。蓄電の方法としては、定置用大型リチウムイオン蓄電池[30]の可能性が高いと言われている。これが普及すれば、需要側には革新的な変化が起きるに違いない。ただ、この蓄電池が安価に供給されるような時代がすぐに来るわけではない。後述するが、それまでには20～30年はかかる可能性がある。別の選択肢として、電力で電気分解し水素にして貯蔵するのもある。しかし、これも経済的に見合うシステムとして普及するには、同じくらいの時間が必要だろう。

したがって、需要ピーク時に対応できるように電力供給能力が常に設定される、という状況はしばらく続くはずだ。けれども、実際にはそのようなピーク時は極めて限られているのも事実である。年間では1月と8月であり、それ以外の時期は供給能力に余裕がある。3・11事故以降、節電努力がいっそう叫ばれるようになったが、需要が総発電量を超えるのを回避することが目的ならば、ピーク時以外の節電努力はあまり意味がない。もちろん節電自体は、火力発電に頼るなかで二酸化炭素の排出を減らすことにつながり、また贅沢と無駄を避けて「足るを知る」という規律ある生活を人々に促すことにも一役買うだろう。しかし、一般にはこのような事情を十分理解されていない。電力供給能力の限界という面では問題にならない時期にもかかわらず、電気使用を控える人はけっこう多いようだ。そういう意味では、たとえば電力使用のピーク時ではないクリスマスのイルミネーションなど、過度に控えなくてよいのである。

一方、電力を蓄えられない現状では、太陽光、風力といった天候に依存し、発電状況が安定しない自然エネルギーの比率を増やそうとすれば、需給の絶え間ない変化の微調整のために、出力調整が比較的やりやすい火力発電の供給能力を増やさなければいけなくなる。このメカニズムも一般には、あまり理解されていないようだ。当然ながら、電力にも品質がある。守るべき品質とは、周波数と電圧が安定していること、そして停電がないことである。この品質を落とさないためには、需要の変動に合わせて一日中きめ細かい供給調整が行われなければな

29 硫黄とナトリウムイオンの化学反応で充放電を繰り返す蓄電池。鉛蓄電池の約3分の1のコンパクトサイズで、長期にわたって安定した電力供給が可能。

30 リチウムイオンが電解液を介して正極・負極を行き来することで充放電が行われる蓄電池。鉛蓄電池に比べ、重量、および堆積エネルギー密度とも大きい。

らない。天候に左右される太陽光、風力といった自然エネルギーにはそのような供給調整の柔軟性がないため、その調整は発電量を比較的柔軟に変えることのできる火力発電に頼っているのだ。効率的で経済的な大規模蓄電が可能でない現状では、これら自然エネルギーへの依存度を高めることが、実は火力発電を増やすことにつながり、結果として二酸化炭素の削減にそのままつながらないわけである。

2――ドイツの脱原発の背景

脱原発および自然エネルギーへの傾斜に関して、ドイツを参考にしようという動きがある。しかし、日本とドイツでは置かれている状況が違うので、いくつか留意しておくべき点がある。

まず、ドイツでは二酸化炭素の排出量が多い褐炭[31]発電にかなり依存している（１９９０年で25・8％、２０１４年で17・8％）[32]。また、褐炭発電所の所在地と電力消費地が離れていることで、消費地に電力を送るための送電網を整備しなければならず、それに膨大な投資を必要とする。他方で、送電網の建設に関しては環境保護団体の反対もある。したがって、自然エネルギーを増やすことによって、エネルギー効率が悪く、コスト競争力の低い褐炭発電を減らそうという考えなのだ。日本にはそのような問題はない。

さらに重要な日本との違いは、ドイツでは電力の需給調整を自国だけで確保しているのではないという点である。すなわち、ヨーロッパ全体の電力ネットワークを活用し、国境を越えて電力の売買が行われ、必要な微調整をしやすい仕組みになっている。それによって、自然エネルギーの出力変動も含めて、全体の需給調整の自由度を得ることができている。その際、ドイツ国内の需給状況によっては、原子力発電が電力供給の80％弱を占めるフランスから買うときもあり、逆にフランスに売っているときもある。今後もその状況は変わらないだろう。ドイツは脱原発を政策として選択していることは広く知られているが、そう単純な話ではないのである。

ちなみに、「ドイツは年間を通して、国外に電気を売っているのか、それとも国外から買っているのか」という議論をされることがある。だが、これはたいして意味を持たない。需給状況に合わせた微調整、そして電力の品質維持の必要から、時々刻々と売買をしているのが実情だからである。また、フランスだけでなく、その他の近隣諸国も常にドイツと電力ネットワーク

31　石炭の中でも石炭化度が低く、水分や不純物の多い、最も低品位なもの。
32　Arbeitsgemeinschaft Energiebilanzen e. V "Bruttostromerzeugung in Deutschland ab 1990 nach Energieträgern"（2016・01・28）を参照。（日本語は http://www.jaef.or.jp/6-traffi-cation/img/TC_40_k.pdf の図1を参照）

でつながっている。週末の電力需要が少ないとき、天気がよく風が強くて自然エネルギーの発電量が増えると、ドイツでの電力が余ってしまう。そこで周辺諸国が自国の火力発電を落としてドイツから購入することもある。そういうわけで、常時売買しなければいけないという電力ネットワークの技術的特徴を捉えていれば、年度末で締めてドイツが出超か入超かといった議論は、全く意味をなさないのである。

いずれにせよ、ヨーロッパには国を超えて需給調整を可能にし、それだけ自由度のある広域の電力ネットワークがある。他方、日本にそうした電力ネットワークは存在しない。したがって、日本で自然エネルギーの比率を増やすならば、その分の需給調整にあたってはきめ細かな出力調節を行える火力発電に依存せざるを得なくなる。現在、自然エネルギーが全体に占める比率はそれほど大きくないのでよいが、これが増大すれば、やがて需給調整の能力の問題が生じてくるだろう。

ドイツの実態としては、２０２２年の脱原発の後、自然エネルギー中心の体制になっても、先に述べたように蓄電技術が普及しないかぎり、いまよりも火力発電による二酸化炭素の排出量は減少しないということは関係者の間では知られている。同じように、日本の場合も自然エネルギー利用が二酸化炭素の削減に必ずしも効果があると言えないことを認識すべきだろう。

このように電力の需要側と供給側で変動が存在し、両者の間で常に微調整が必要とされる。しかし、その状況を変えることはできるだろう。そのために現在考えられる唯一の方法は、蓄電と送電をタイムリーに、かつ十分な量で行うことである。そして可能性が最も高い具体策が、すでに述べたように定置用大型蓄電装置であるリチウムイオン蓄電池の利用なのだ。だが、問題はいまのところ価格が高いことだ。また同じく価格の高い太陽電池と組み合わせるので、コスト的に現実性がないのである。

3――現実的な技術の移行経路を考える――リチウムイオン蓄電池の可能性

リチウムイオン蓄電池の製造規模によるコスト・ダウンのカーブ、そして近未来のコスト・パーフォーマンス改善の可能性は分かってきている。また、この電池に関する部材性能向上の開発も活発だ。この蓄電池の生産を早く立ち上げて、製造コストを急速に下げることは、国の政策としても極めて重要なテーマである。ただ、このようなコスト低減には一定の時間がかかる。経済的な意味で本当に日本全国に普及するには、20～30年はかかる可能性もある。

したがって、「あれか、これか」の議論をするのではなく、ここに述べたような技術的展開と技術選択における関係について、データに基づいた事実を把握するとともに、安価な蓄電池が可能になるまでの間、どのような技術を活用しながら凌いでいくかという現実的なマイグレーション・パス（移行経路）を考えておく必要があるだろう。

4――自然エネルギー供給のリスク

電力供給源はミックスで考えるべきだと最初に述べたが、それに関係して、自然エネルギーに完全依存することのリスクも認識しておいたほうがよい。多くの日本人にとって「自然」という言葉と結びつくのは「災害」ではないだろうか。自然災害は地震だけでなく、台風、豪雨、土砂崩れ、高潮、洪水などがある。このような風水害は原発だけでなく、太陽光発電や風力発電にも大きな影響を与える。

地球温暖化では、氷河や極地の氷が解けて海の水位が上がることだけが問題なのではない。「気候変動に関する政府間パネル」（ＩＰＣＣ）によると、温暖化によって気候変動とその規模は今後拡大すると予測されている。そうであるならば、海面水温の上昇が一因となって台風の大型化が進み、さらに気温の上昇で大気中の水蒸気が増えて、異常なレベルの集中豪雨が頻発するだろう。誰もまだあまり注目していないが、この傾向の帰結として、他国はいざ知らず、日本における自然エネルギーによる供給のリスクは拡大するはずだ。すなわち、太陽光発電や風力発電の装置が普及するにつれて、壊滅的被害を受ける確率は高まると考えられる。

したがって、電力供給システムにおける個々の供給源が抱える潜在的なリスク回避・分散の観点から、ポートフォリオ的発想をするのが妥当であり、電力供給源の多様なミックスを常に確保しないといけないというのが率直な結論である。これも原発か自然エネルギーかという「あれか、これか」ではなく、リスクを最小化する努力を続けるための現実的な見方である。

5——「居室」の消費の伸び

さらに、重要な問題は別のところにもある。電力の問題は需要ではなく、供給の視点から常に議論されてきた。その前提として、経済成長を維持するためには、品質の高い電力を安価で、かつ安定して供給することが極めて重要である、との考えが政府および産業界にはある。敗戦を経験し、平和国家として経済発展することが至上目標になったが、それを成し遂げるために産業振興が図られ、まずは鉄鋼業や重化学工業が推進された。その必須の要素として産業インフラ、特に電力供給の拡充がなされたわけである。しかし、これまでのような産業振興の時期が終わった現在の日本において、その前提はいまでも正しいのだろうか。

戦後の復興から高度成長の時期が終わって50年近く経ったいま、産業構造の変化によって電力の需要構造も大きく変わっている。特に、需要の融通性と調節能力が増してきているのだ。たとえば製鉄に使う電炉が典型的であるが、動かし始めたらそう簡単に止めることができないような、自由度の少ない電力需要の比率が減ってきている。また、高度成長期が終わった1970年代以降、電力需要側の産業セクターが入れ替わっている。まず、GDPに占める製造業の比率が大きく減少した。それに取って代わったのがサービス業である。とはいえ、このような旧来型の産業分類だけで電力消費を見ていても誤解する可能性がある。

サービス業によるエネルギー消費の比率は予想外に伸びていない。産業分類よりも電力を使う場所という視点で、電力消費を眺めた方がより実態が分かる。一番比率が高まっているのは「居室」と言うべき場所での消費である。それは主に照明と空調だ。製造業においても、この居室、すなわち自動化されて人の数がまばらになっている製造現場ではなく、大勢の人が多様に作業している別の「現場」の影響が大きくなっている。具体的には、研究開発や設計、戦略立案や企画、知的資産管理、情報システムの開発と運用、新規事業開発、営業や広告宣伝、顧客対応やクレーム処理などの業務、その他の事務などで、人々が活動するという意味で「居室」と言うべき場所で多くの電力を消費しているのである。

ところで、製造業でも「高付加価値化」が叫ばれてきたが、高付加価値は財務諸表には数字としては現れない。記載されるのは人件費でしかない。人件費とは体と頭の活動によるものだが、実は頭が高付加価値を生み出している。言い換えれば、製造現場以外の分野の人が担っている場合が多いということだ。

図 3-8　東京電力管内の分野別電力消費

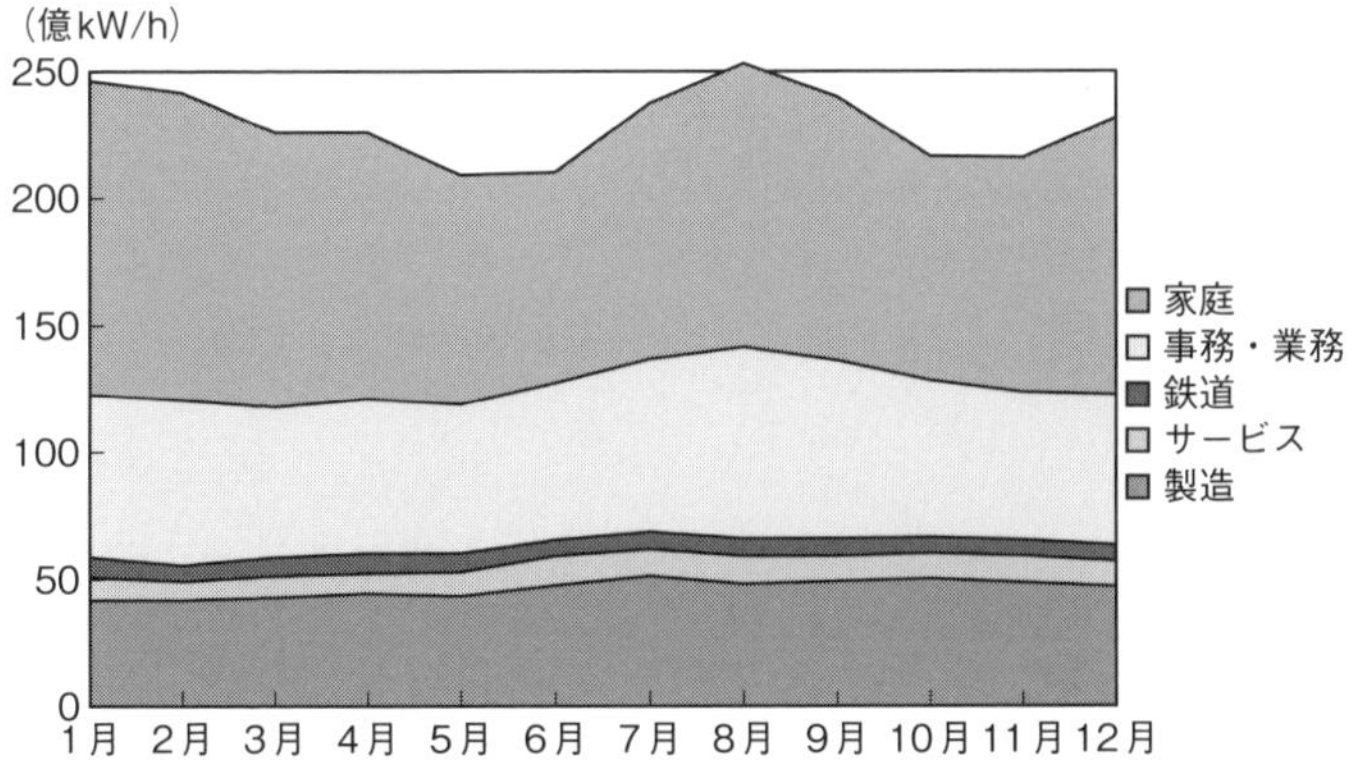

出典：F・ワイズマン・コンサルティング。

すでに製造現場の人件費削減の時代は終わっている。当然ながら、ここで言う新しい定義の「現場」の人件費を削減しながら、高付加価値化はできない。そして、この人たちが効果的に頭を使うために居室環境の質を確保するのが、照明と空調なのである。こうしてサービス業とともに、製造業による高付加価値化の志向によって、居室における電力消費が拡大していると言えよう。

それに加えて、家庭における電力消費の比率も大きくなっている。エアコンの価格が手頃になり、各部屋についている。トイレや浴室にも暖房が普及して、脳卒中も減少傾向だ。テレビも家庭に一台からいまや各部屋、各人に一台のようにパーソナライズされた。パソコンだけでなく、ゲーム機、スマホ、タブレットなどの電子機器も出現している。これらも居室の電力消費である。要するに、現在の状況では産業別というよりも、サービス業・製造業・家庭の3つの分野の居室が、電力需要の中心になっているわけだ。おそらく将来もこの状況は続くだろう（図3-8）。

6——需要側の柔軟性の拡大

鉄鋼業や重化学工業の振興を前提とした時代、製造業の多くは電力の使用状況を柔軟に変えることはできなかった。これは製造現場では、電力需要の季節変動が少ないことを意味している。一方、居室での電力需要の季節変動は、空調の普及によって極めて大きい。しかし一方で、この種の電力需要は、かつての製造現場の電力需要よりもいっそう柔軟性が高い。機械に欠かせない電力の品質が要らないだけでなく、自由に行動を変えられる人間の活動がほとんどだから、その作業量を変化させることが可能なのである。

たとえば、夏や冬の電力需要がピークに達する時期は、空調の温度を調節することができる。着る物や着方で体温調節を行えばよいのだ。そもそもエアコンが出現する以前は、それが普通であった。昭和30年代の官僚を描いた城山三郎の小説『官僚たちの夏』に出てくる通産官僚はランニングシャツで仕事をしていた。クールビズはそこまでではないが、体温調節が狙いである。ネクタイを外し、首の周りを開けることによって体温を下げるわけだ。そうすれば、通常の冷房温度が25度のところ、28度まで上げてもそれほど無理なく耐えられる。この3度の違いが電力消費の減少につながる。あるいは、夏は涼しい地域、冬は暖かい地域に移動して仕事をすることができれば、これもクールビズだ。

ただ、筆者が5年前に調べた限りでは、そのような需要側の構造変化と柔軟性の拡大、それを前提とした電力供給のあり方に関する研究をしている人は見つからなかった。学術論文として魅力あるテーマではないからだそうだ。この需要側の構造変化を肌身で知っているのは、電力会社の法人営業ではなかろうか。しかし、彼らはこのテーマで国の電力需要の構造変化を体系的にまとめることが期待されているわけでなく、需要を抑制させるような営業も立場上できないに違いない。政府としてやるべきだとすると、担当は経済産業省・資源エネルギー庁なのであろうが、ウェブサイトで検索した限りではそういう資料は見つからなかった。

こうした状況を踏まえると、これまでのように「電力需要ありき」と固定的に考える必要はなくなってくる。買い手側が「値段次第だ」という対応をすることもあり得る。その意味で、需要の価格弾力性という要素も重要になってくるだろう。電力価格によって、需要が増減するということである。

いずれにしても、これまでのようなピーク時対応を前提とした電力供給の必要量、そして今後の電力会社の設備投資は影響を受けるだろう。国の電力システムの効果的な構築のために、誰かが需要側の構造変化をきちんと分析し、把握すべきだ。それによって電力需要のピーク、オフピークの考え方が大きく変わる可能性がある。そういう視点なしに電力供給のミックスを議論するのはバランスを欠いている。

7——電力供給の仕組みの見直しへ

産業構造の変化には、別の側面もある。現在の企業行動が数十年前と違う点として、製造業の海外立地が進んでいることが挙げられる。人件費を含んだ製造コストを低減することだけが目的ではない。これから成長する市場での現地生産を拡充することで、新しい需要にタイミングよくアクセスすることが主な理由である。日本に残るものは先端型産業のマザー工場などであり、これは必ずしも電力を多量に消費する製造現場になるわけではない。

今後の電力需要を予測するのに検討すべき、重要でかつ新たな要素として考えられるのは、EV（電気自動車）の普及による充電のための電力需要であり、そしてコンピューティング・パワーの増大に対応する電力需要であろう。後者で言えば、スパコン1基を稼働させるために原発1基必要だという話もある。また、インターネットも今世紀になって急速に発展を続けた。それに伴って、コンピューティング・パワーを大々的に活用する事業が出現している。クラウド・コンピューティングの巨大なデータ・センターやブロック・チェーンなどの展開である。今後もICT（Information and Communication Technology）といった19、20世紀的な古い概念では捉えきれない、ISDT（Internet,Sensor and Digital Technology）を活用した企業活動が急速に増えていくだろう。いずれにしても、トランスポーテーションとインフォーメーションの革新が始まり、それが電力需要の大幅な増大につながりそうだ。このような企業活動は、従来の製造業とは違った品質を要求する電力需要をすでに作り出している。例えば、停電によるシステム・ダウンの社会的影響の大きさなどを考えればすぐ分かるだろう。

いろいろな病院や研究施設も、電子機器を多様に活用する時代だ。診断機器であればそうでもないが、最近活用されるようになった手術支援ロボット「ダヴィンチ」のような機器は手術中に停電が起これば人命に関わる。製造現場レベルの電力需要量には及ばないが、停電は許されないという意味で、かつてとは違う電力供給の信頼性に対する要求も高まるであろう。そして、それに対処する方法の多様化が起こっていくであろう。たとえば、自家発電は当然であるし、今後は蓄電池を活用した仕組みが普及するだろう。このように電力の需要側の構造が変化すれば、それに伴って電力供給に対する必要要件も変わっていくはずだ。

　こうした電力需要の多様さを読み込んで、新たな電力供給の仕組みを作り直してみる必要がある。それによって、これまでできなかったピーク時の需要の抑制が、やり方によっては可能になってくるだろう。日本の電力価格は世界的に見ても高く、産業そして企業のコスト競争力に影響しているのだが、「ピーク時需要を与件と考え、それに対応することを前提とした設備投資」という、これまでの固定的な発想からの脱却が必要だ。例えば、設備投資能力の弱い中小の電力会社がたくさん存在するアメリカでは、ピーク時カットオフ契約[33]が行われているが、そうした導入によって電力価格の柔軟性を増すこともできるはずだ。すでに議論されているように、デマンド・レスポンス[34]の考え方は、ＩＳＤＴによってこれまでできなかった柔軟な対応を可能にするだろう。こうしたピーク時需要をコントロールすることによって、電力会社の設備投資の抑制ができれば、償却費負担が減り、長期的に電力価格を抑えることにつながるであろう。

電力価格の柔軟性が拡大すれば、かつては無理であった電力多消費型分野でも、世界的に競争力のある事業を作り出せるだけでなく、既存の事業も競争力を高めることの後押しになるだろう。日本が世界一を保ち、また価格次第では将来の需要分野の拡大が期待できるチタン製錬などがその一例だ。企業および国家の戦略にとって、これは重要な判断要素である。

従来の「はじめに電力需要ありき」という一方通行的な発想を超えて、需要と供給との双方向の情報交換に基づいた電力需要・供給システム。それは新しい「社会システム」なのであり、筆者の言う「社会システム・デザイン」の捉え方が必要になる。たとえば、電力会社の慣れ親しんだ、総括原価方式[35]という安定的だが革新を起こす意欲の湧かない価格体系の見直し、さらには既存の電力会社の寡占状況から抜け出す電力自由化の推進もその一部である。

しかし、このような「社会システム」のデザインは始まっていないようだ。旧来のやり方の惰性が悪循環を作り出している可能性が、当然予想される。この点は本書の直接のテーマではないので議論しないが、電力をめぐる新たな状況を理解したうえで、それに基づいた電力需

33 ピークになる時間帯に節電する契約のこと。
34 電力の供給側が需要側に電力の節約をしてもらうよう促すことで余剰電力を生み出し、一方で需要側はその分の対価を受け取ることができる仕組みのこと。
35 供給原価に基づき料金が決められる方式。

給システム・デザインが求められている。

第5章 サブシステムを活かす——良循環の原動力

1——良循環を支えるサブシステム群

1・1 良循環を回すための12のサブシステム

原発システム・デザインの手法について話を進めよう。第3章では、6つの立場から発想した良循環を提起した。すなわち国民・地域住民、中央政府、地方自治体、電力会社、原発関連企業、大学・研究機関である。これらの新しい良循環をゼロから回転させなければならないが、そのためには駆動するエンジンを抽出する必要がある。その原動力となる12のサブシステムを考えたい。

1 市民、行政官、政治家、企業人、研究者の参加よる公開討議システム
2 原発および放射線に関する市民の質問に丁寧に答えるシステム
3 国外および国内の原発に関するあらゆるデータを蓄積して開示するシステム
4 原発システムにおけるマネジメント人材の育成・配置・評価システム
5 緊急時に知力、気力、体力、胆力、決断力を発揮する人材の育成・配置システム
6 クリティカルな状況の時間軸に沿った意思決定システム
7 緊急時に世界に向けた情報提供をプロアクティブに行うシステム
8 警察、消防、自衛隊の連携行動を推進するシステム
9 人命保護・使用済み核燃料処理を重視する原発技術開発システム
10 原発科学者、技術者、放射線医学の専門家を募集・育成するシステム
11 法律・規則を守るだけでなく、絶対に人を事故に巻き込まない事業者競争推進システム
12 世界に開かれ、多様な人材を引きつける廃炉の技術開発・運営システム

もっと多くを挙げることもできるが、サブシステムを立ち上げ、動かすにはかなりの額の資金も調達しなければならず、よく訓練された人材も必要である。また経験的に言って、いま存在していない良循環を新たに回転させるには3つ程度のサブシステムが必要だが、この12のサ

ブシステムは6つの良循環にそれぞれ3つ以上が関わっているので十分だと認識している（図4-1）。

以下では、それぞれのサブシステムを順次説明する。

まず一番目の「市民、行政官、政治家、企業人、研究者の幅広い参加よる公開討議システム」を例にとり、具体的に何をすべきかをわかるよう段々と詳細に記述していく方法を示す。はじめにサブシステムを抽出し（社会システム・デザインの方法論におけるステップ3）、次にサブシステムごとの行動ステップを記述し（ステップ4）、そして必要に応じてツリー状に分解して詳細に記述する（ステップ5）。残りの11のサブシステムでは、紙幅の関係上もあり、ステップ3と4までを示し、ステップ5は割愛させていただく。

サブシステムを細部まで十分理解をしてもらうためには、ツリー状が何層になってもかまわない。記述のコツは細かいことだが、体言（名詞）止めではなく、動詞で終わるようにすることだ。それによって、誰でもすぐに理解できるよう作業を具体的、かつ生き生きと表現できるだろう。また、次に続くステップが何かを自然に考えられる、言い換えれば、静的でなく動的な状態を捉えようとする意識が働くはずである。このレベルの具体的な記述ができて初めて、どのような組織にするか、どういう能力の人が必要になるか、どの程度の施設が適切かなどの構想が生まれ、最終的にサブシステムを動かすために必要な資金の規模も計算できるようになる。

図 4-1　良循環とサブシステムに関わる関係者・組織

サブシステム ＼ 「良循環」	国民地域住民	中央政府	地方自治体	電力会社	原発関連企業	大学研究機関
1.市民、行政官、政治家、企業人、研究者の参加による公開討議システム	●	●	●	●	●	●
2.原発および放射線に関する市民の質問に丁寧に答えるシステム	●	●	●	●	●	●
3.国外および国内の原発に関するあらゆるデータを蓄積して開示するシステム		●	●	●		●
4.原発システムにおけるマネジメント人材の育成・配置・評価システム		●	●	●	●	
5.緊急時に知力、体力、気力、胆力、決断力を発揮する人材の育成・配置・評価システム		●	●	●		
6.クリティカルな状況の時間軸に沿った意思決定システム		●	●	●		
7.緊急時に世界に向けた情報提供をプロアクティブに行うシステム		●		●	●	
8.警察、消防、自衛隊の連携行動を推進するシステム		●	●			
9.人命保護・使用済み核燃料処理を重視する原発技術開発システム		●	●	●	●	●
10.原発科学者、技術者、放射線医学の専門家を募集・育成するシステム		●			●	●
11.法律・規則を守るだけでなく、絶対に人を事故に巻き込まない事業者競争推進システム		●		●		
12.世界に開かれ、多様な人材を引きつける廃炉技術開発・運営システム		●		●	●	●

①市民、行政官、政治家、企業人、研究者の参加による公開討議システム

ここで抽出されるサブシステムは、「市民、行政官、政治家、企業人、研究者の参加よる公開討議システム」である。これに関わる対象は、国民・地域住民、中央政府、地方自治体、電力会社、原発関連企業、大学・研究機関の6つの立場すべてだ。そしてサブシステムの行動ステップは、次のようになる。

すべての立場の異なる参加者を説得し、その協力を確保する
↓
議論の目的、進め方、期限を話し合って合意する
↓
司会者と議論の進め方に経験のあるトレーナーとが参加し、アドバイスを行う
↓
時間切れを避けるために午後から夜にかけて議論を行う
↓
議論の過熱を避けるためにタイミングよく休憩を取る
↓

期限以内に一定の結論を出し、次の行動ステップを決める

さらにツリー状に分解した一例として、「議論の目的、進め方、期限を話し合って合意する」を取り上げた（図4-2）。

このサブシステムでは、現在の原発推進・反対という「あれか、これか」の硬直した議論から先に進んで、意見の異なる人たちが互いにややこしい問題であることを認め合い、どこかで現実解にたどり着くことを目的としている。議論を上手く展開できれば、現在ではまだ誰にもわかっていない現実解にたどり着く可能性が高い。旧来のスタティックな弁証法的アプローチによる解とは違う。時間軸を組み込んだダイナミックな解になるだろう。それと同時に、通り一遍のお役所的な説明と質問、紋切り型回答、繰り返しの質問という、よくある不毛なやり方から脱し、みんなで何とか解にたどり着こうとする意志を前提とした議論を通じて、毎回わずかでも達成感を感じ、それを積み重ねていくことも想定している。しかし、この会議はよくある「コンセンサス会議」とは違う。結論が出ることは望ましいが、とことん議論することによって参加者が原発という厄介な課題のより深い理解にたどり着き、それを立場の違う参加者が共有することが第一の目的なのである。

そのためには政府対市民、事業者対市民のような対立関係によるのではなく、難しいテーマに対して多様な意見を率直に言うことで、参加者全員が状況の具体的な理解を深めなければ

図 4-2　市民、行政官、政治家、企業人、研究者の参加による公開討議システム

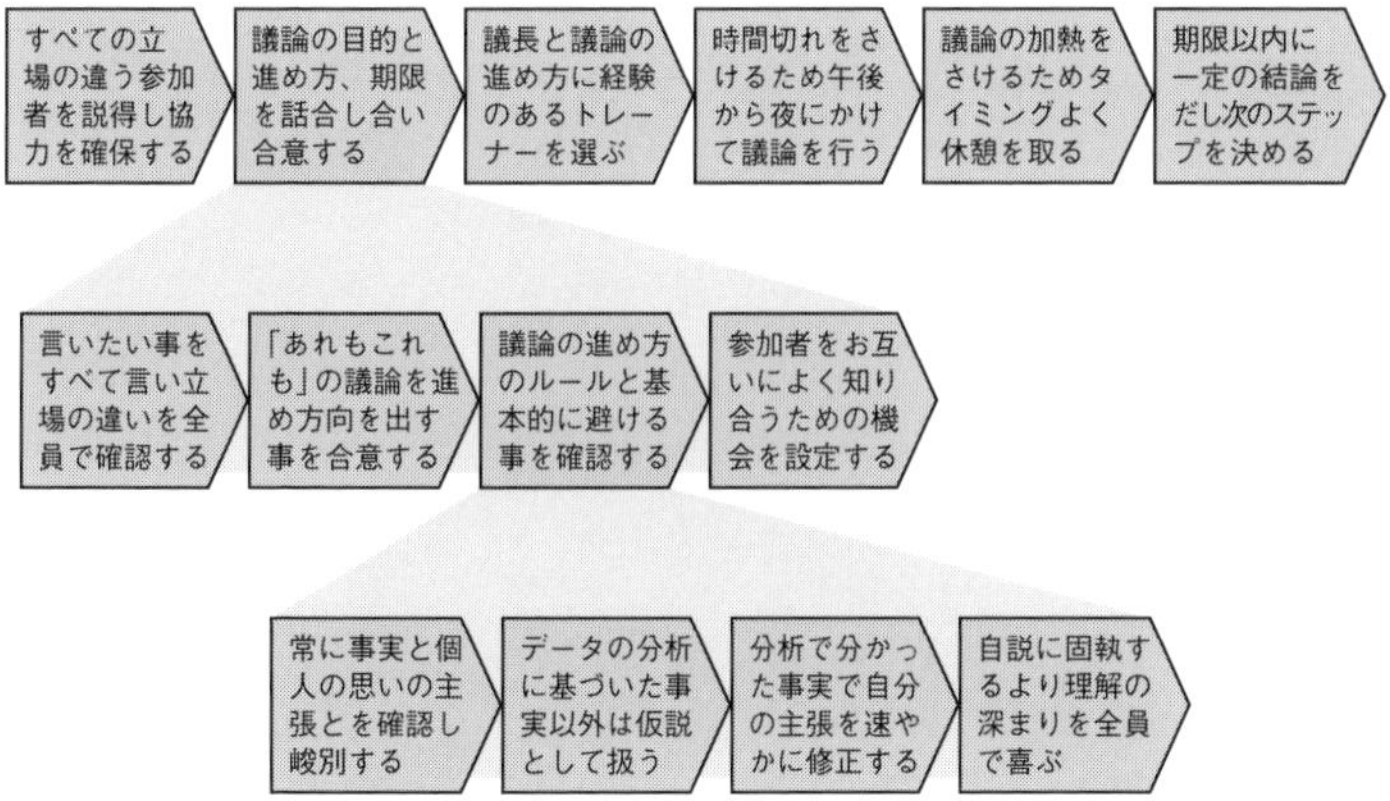
すべての立場の違う参加者を説得し協力を確保する
議論の目的と進め方、期限を話合し合い合意する
議長と議論の進め方に経験のあるトレーナーを選ぶ
時間切れをさけるため午後から夜にかけて議論を行う
議論の加熱をさけるためタイミングよく休憩を取る
期限以内に一定の結論をだし次のステップを決める
言いたい事をすべて言い立場の違いを全員で確認する
「あれもこれも」の議論を進め方向を出す事を合意する
議論の進め方のルールと基本的に避ける事を確認する
参加者をお互いによく知り合うための機会を設定する
常に事実と個人の思いの主張とを確認し峻別する
データの分析に基づいた事実以外は仮説として扱う
分析で分かった事実で自分の主張を速やかに修正する
自説に固執するより理解の深まりを全員で喜ぶ

ならない。その際、「あれか、これか」という、果てしないやり取りに終始し、前に進まない議論をしないなどルールを決めて、自分の言いたいことだけを言うだけで終わらない責任感が参加者に醸成されるように公開討議の場を運営するのがよい。したがって、相手の顔も見えないが自分の顔も晒さないで済むネットではなく、それぞれの立場の人たちが一堂に会し、直接議論する場が求められる。座席の配置も対立型ではなく、ラウンド・テーブル型が望ましい。

これはフランスの地域情報委員会（Commission Locale d'Information：CLI）に近い発想だが、日本では、長い歴史のなかで論争によって問題を解決してきたヨーロッパ、そのなかでもとりわけ論争好きと思われるフランスと同じようにはいかないだろう。したがって日本人に合った一工夫が必要だ。たとえば、「議論の硬直状態をほぐしたり、休憩を取ったり、繰り返しの議論を避けたり、次回のテーマを決めたりする有能な司会者を訓練し配置する」、「途中で強引に議論を終わらせたという不満を持たせないため、みんなが疲れて自然に終わりになる夜中まで十分に時間を取っておく」などの「生活の知恵」を組み込み、段々と参加者が率直に発言するような状況を意識的に作り上げていくことに留意すべきだ。また、原発が建設された時期や地域特性に即したメリハリの効いた議論をするために、9つの電力会社がそれぞれ複数の会議を設置する。これによって、会議間の議論の展開を共有するとともに、議論の質の競争を促すことが期待される。

このアプローチでは、議論のやり方の知恵をしっかりと蓄積し活用していくことが、この種の議論の成功・不成功に大きく影響することに留意する。また、議論のやり方、作法に習熟することで少しずつ効果が上がるのであり、持続力が極めて大事である。

②原発および放射線に関する市民の質問に丁寧に答えるシステム

ここでのサブシステムは、「原発および放射線に関する市民の質問に丁寧に答えるシステム」である。ここでも6つの立場すべてが当てはまる。サブシステムの行動ステップは次のようになる。

政府の広報機関ではなく、市民の自己規律としての公的組織とする

↓

資金は基本的に市民の寄付金を主体にし、政府の資金を入れない

↓

世界各国の組織、企業、市民からも資金を薄く広く集める

↓

このような組織経営の経験のあるプロフェショナルで経営する

原発や放射線に関しては高度科学・技術の知識がある程度必要なため、専門家でない市民

には分かりにくい。何を分かったらよいのかもはっきりしない。一度聞いたら分かるというわけにもいかない。要するに、繰り返して説明を受けることが必要な分野だ。したがって、そうした市民からの質問に答える機関が求められる。ただし、それは既存省庁とは別で、独立性の高い公的組織でなければならない。なぜなら、既存省庁が自己の主張を伝える広報とは違う、中立的立場で答える機関である必要があるからだ。そして質問者が理解し、納得するまで何度でも説明するような忍耐強い対応を訓練された人たちで構成される。

基本的には電話を受け答える仕組みだが、パソコンやスマホでウェブサイトにアクセスして文字や図の情報を見ることができるようにもする。それによって、電話で話しながらウェブサイトを見るという形のコミュニケーションも可能にする。電話の場合、はじめから友好的でない人、喧嘩腰の人もいるだろう。そういう人に対する話法も含めて、かなりのスキルも必要だ。そのコミュニケーションのプロセスを通じて、いま分かっている正しいこと、間違っていること、まだ分かっていないことを明確に区別して伝える。そして、価値判断を押し付けるようになることを徹底的に避ける。常に状況をモニターしながら対応方法を改良し続け、一般市民の信頼を勝ち得ることを目指す。

このアプローチは、困難を承知のうえで、官主導を排除している。これまでの官・民という考え方でなく、官・公・民という形をとることで、市民の自己規律としての「公」という存在を生み出し、社会の厚みを増すことに貢献するであろう。

③国外および国内の原発に関するあらゆるデータを蓄積して開示するシステム

ここでのサブシステムは、「国外および国内の原発に関するあらゆるデータを蓄積して開示するシステム」である。中央政府、地方自治体、電力会社、大学・研究機関が対象となる。また、サブシステムごとの行動ステップは次のようになる。

日本人だけでなく、世界の人が活用できるように英語を基本とする
←
日本人の活用を促すためすべて日本語訳を用意する
←
最新の情報通信技術で世界中からの検索を容易にする
←
常に最新のデータや情報を他より先に入手する強い意志を持つ
←
情報の信頼性を維持するために、複数の情報源を持って中立を保つ

いかなる方向付けになろうとも、既存の原子炉はいずれすべて廃炉になる。それまでの原

発のライフサイクルを可能な限り安全にマネジメントしなければならない。今後、「社会システム」としての原発システムをデザインしていくならば、エンジニア的発想による「想定外」をできるだけ少なくする必要がある。そのためには、ハードウェアだけでなく、運営システム・ソフトウェアも含めて3・11事故の経験をきめ細かく記録し、保管するアーカイブスを作る。当時どこまで分っていてどこから分からなかったのか、何が正しく何が間違っていたのかを確認する作業がこれから必要だ。それは「問題の裏返し」の解決策を作り出すためではない。現在、何が想定されているのか、その根拠は何かを整理・分析することで、いわば「想定外を想定する」という作業をするためである。

いま世界には430基を超える原発が存在し、今後も増え続けると思われる。各国がそれぞれの方針で原発を建設し、廃炉までのプロセスを運営するだろう。できれば、その1つひとつに関して資料を集め続ける体制を組み立てる。日本の原発アーカイブスが世界で最も網羅的に情報やデータを集めているくらいまで徹底したものを目指すわけだ。

そうは言っても、原発に関するデータベースは国際原子力機関（IAEA）を含めて、世の中に大量にあるのに、なぜ追加してまで必要かという疑問が湧くかもしれない。しかし既存のものとは違って、このデータ収集・開示システムは専門家中心でなく、市民の誰もがアクセスできて使いやすいことを基軸にする。また既存の専門家しか使えない複雑なデータがあれば、それを素人でも使いやすいデータに整理するという配慮も行う。そういう視点からすべてを組み立てることによって、素人（多くの専門家も自分の専門分野以外は「素人」だ）が単なる思い込みではなく、データを参照し、簡単な分析をしやすくする。それによって、議論の質の向上だけでなく、一般市民に理解が増す手立てを提供することによって裾野の拡大に結びつけることを目指す。日本以外にも世界的にありがちな「専門家任せ」ではなく、一般市民も関心を持って見ているという状況が「専門馬鹿」を排除することにつながるであろう。そういう観点からは、既存の使いにくいデータを集めて、編集し直すということもある。

3・11事故の日本の経験をもとにして、世界中で原発システム・マネジメントの新しい方向が模索されるなか、このような活動自体が積極的な貢献につながる。またデータへのアクセス状況を見ながら、世界の原発に対する思想的潮流を時々刻々と理解することにも活用できる。これはエンジニアリング・システムの発想を超えて、「社会システム」としてデータを収集し、編集し続けるということである。

④原発システムにおけるマネジメント人材の育成・配置・評価システム

このサブシステムは、「原発システムにおけるマネジメント人材の育成・配置・評価システム」である。ここで言うマネジメント人材とは、中央政府、地方自治体、電力会社、原発関連企業に関わり、平常時に原発システムの運営に携わる場合を指す。これに伴い、サブシステムごとの行動ステップは次のようになる。

専門性よりも統合能力を大事にする価値観を持たせる
←そのような人材に期待されるキャリア・パスを明確に示す
←40代の前半に集中的なマネジメント訓練をする
←「スーパー・ジェネラリスト」的職能であり、役割の魅力的名称を付ける

これまで述べてきたように、原発システムを「社会システム」という発想から捉えて、「技術のロジック」と「社会の価値観」との両方の影響を考慮しないといけない。しかも他の医療システム、交通システム、通信システム、訴訟システムなどと比べて、その2つの評価軸が複雑に絡み合っているという意味では、原発システムは最も高度な「社会システム」と言えるのだ。

原発の推進か反対かの議論が収束しない理由の1つは、技術のロジックと社会の価値観を一体として議論すべきであるのに、自分の得意な一方だけを互いに主張することにあるのではなかろうか。推進側は技術のロジックに依存しがちで、社会の価値観の問題を上手く扱えない。逆に、反対側は技術のロジックが導く結果を十分に想像できない。このような状況を乗り越えて原発システムをマネジメントできるのは、従来の専門家にはない統合能力を有した

人材（＝スーパー・ジェネラリスト）である。３・11事故が起きて判明したのは、原発分野の「専門家」と呼ばれる人たちは、複雑かつ広範な分野のうちの一部分を知っているにすぎなかったことだ。いわゆる「専門家」は統合者にはなれない。前者は後者をサポートするだけなのだ。しかしながら今回、そのサポートすべき対象になる統合者が政府、行政、産業界、学界を含めて、少なくとも日本には存在していないことが明確になった。

原発は多岐にわたる要素が絡んだ分野であり、統合者が出にくいし、多くは苦労してまでそのような立場の存在になりたいとも思わない。しかし、日本国としてはそのような人物は必要だ。統合すべき分野は、学問では素粒子物理学から、放射線医学、地震学、気候学、食品学、情報科学、心理学、危機管理学……など、技術の分野では、原子力、土木、建築構造・工法、汚染処理、食品加工、農業、水産業……など挙げればきりがないが、こういう分野をカバーする統合能力を持つ人材を訓練し、配備する新たな政府組織を作ることも考えるべきだろう。このような人材育成は難しいが不可能ではない。これによって、役割とキャリア・パスが明確になるからだ。それを魅力あるものにするためには、民間の参加も望まれる。複雑化と専門化が進む現代社会で、このような統合能力のある人材は強く望まれている。こういう人材をどう訓練し活用していくかの知見を蓄積する「場」にしていくわけだ。

ただ、原発に関わるさまざまな分野を全部理解してリードできる統合者など短期的に育成できないとすれば、どうしたらよいのか。それに関しては、人材育成と並行して、この複雑な分野をできるだけ上手くつかんだマネジメント・システムのデザインが必要になる。巨大企業の経営者も、その企業が活用している膨大な技術や、その他の情報を知り尽しているわけではない。しかし、そのような巨大企業を運営するマネジメント・システムは存在するので、それを身につけることで経営しているのだ。

原発システムにおいても、短期的にできるこうしたマネジメント・システムを構築し、そのうえで統合的にマネジメントできる人材を時間をかけて育てる、という視点が欠かせない。なお、この人材は電力会社内だけで育成するという意味ではない。「規制の虜」の状況から脱却するためにも、本来は資源エネルギー庁、原子力規制庁といった行政組織に所属する一定の人材が、そのようなマネジメント能力の訓練を受けるべきである。また原子力規制委員会のメンバーにも、そうした訓練を経た人材が必ず入るようにする。このように、規制側からのマネジメント的視点が必要であることは、イギリスの原子力規制局[36]（Office for Nuclear Regulation：ONR）のあり方からも示唆される。彼らは事業者を指導するというより、質問をして答えさせるという役割に徹しているが、技術的だけでなく経営的な視点からも常に適切な質問を発することで、望ましい緊張感を与えているようである。

⑤緊急時に知力、気力、体力、胆力、決断力を発揮するリーダー人材の育成・配置システム

このサブシステムは、「緊急時に知力、気力、体力、胆力、決断力を発揮するリーダー人材の育成・配置システム」である。ここでは、緊急時に迅速な判断をしなければならない中央政府や地方自治体、あるいは電力会社の指揮命令系統トップを想定している。平時と緊急時では適任者が異なるので、サブシステム④で取り上げた「マネジメント人材」とは別に育成・配置しなければならない。そしてサブシステムごとの行動ステップは次の通りである。

緊急時のリーダーが備えるべき要件を明確に定義する
←リーダーの要件に合う最高意思決定者の政府内の位置づけを決める
←緊急時の対応能力を平時においても多面的に訓練するプログラムを作る
←時間をかけて選別するキャリア・パスを作る
←終生出番がなく、訓練を活かすことがなかったことに満足する人格を養う

36 イギリスにおける民間原子力産業の安全規制を担当する独立した特殊法人。労働年金省の監督下にあるが、エネルギー・気候変動省とも密接に協力して活動している。

3・11事故発生のときの指揮命令系統のトップは、当時の菅直人首相、あるいは清水正孝東京電力社長だったと言える。彼らがどのような対応をしたかに関しては、情報不足による誤解も含めて、さまざまな意見や批判がある。しかし、問題がそういう個人の資質や行動にあったとして取り上げてみても生産的ではない。彼らは当時の原発システムの犠牲者という側面もある。むしろ重要なのは、緊急時に必要な資質や能力のある人材を日頃から育成し、配置するシステムをいかにデザインするかを課題として捉えることだ。

緊急時に必要な人材は、「想定外」の状況で限られた時間内に意思決定を行わないといけない。今回分かったように、緊急時には初動が大事であり、まさに時間との勝負になる。当然ながら徹夜が続くと思った方がいい。また、最も重要なときに動揺して、頭が真っ白になってもらっても困る。したがって、知力だけでは不十分であり、加えて気力、体力、胆力、決断力のすべてを備えるべく訓練された人物が、すべての指揮命令系統のトップに就くべきである。平常時と緊急時では適任者が違うという、しごく当たり前のことに政府は対処できるようにしなければならない。しかし、それに適任の人物を普段から育成し、緊急時に速やかに配置する仕組みが日本に存在していなかったのは、明らかに手抜かりであった。「安全神話による思考停止」の一例である。

緊急事態発生時に誰が最高意思決定者であるべきか、それはやはり重要な事柄だ。現行の「緊急時対応システム」でも内閣総理大臣がその任にあたることになっているが、それは今回の事故の反省に基づいた、新しい原発システム・デザインの観点からは望ましくない。そのような緊急事態に対して、内閣総理大臣の能力や識見、その他の適性が不明のまま、自動的に最高意思決定者になることは極めて危険ではなかろうか。これは個人の資質ではなく、システム上の問題なのだ。したがって、現行のシステムをデザインし直し、緊急時にその任に堪える訓練と経験を積んだ人物が、内閣総理大臣から最高意思決定者の委託を受け、その任務にあたるというシステムにすべきなのである。

ちなみに、アメリカで3・11事故のような状況が発生した場合は、大統領が最高意思決定者ではない。アメリカの原子力規制委員会（Nuclear Regulatory Commission：NRC）の長官がほとんどの意思決定をするということである。かつてスリーマイル・アイランド原発事故の際も、当時のジミー・カーター大統領は報告を受けていたが、時々刻々の意思決定をする立場にいなかった。国会事故調の公開委員会で証言したNRCのリチャード・A・メザーブ元長官によると、日本のように内閣総理大臣が意思決定の中心になるのはアメリカではあり得ない、ということであった。その指摘はもっともであって、要するに、そのような能力と経験を持った人物がリードすべきということだ。

ともあれ、これはできるだけ速やかに決定すべき課題だ。そのリーダーに必要なスペックは明確であり、そのような人材を選び出すことも難しくない。時間をかけて育成し、緊急時に配置できるポジションをデザインすべきである。

⑥クリティカルな状況の時間軸に沿った意思決定システム

このサブシステムは、「クリティカルな状況の時間軸に沿った意思決定システム」である。中央政府、地方自治体、電力会社が対象になり、サブシステムごとの行動ステップは次の通りである。

速やかに各関係省庁から一定の人材が一堂に会するような大部屋を確保する
←
テーマごとに意思決定プロセスへの参加者と最大許容時間を決める
←
全員で共有する資料のフォーマットおよびファイル方式を事前に統一する
←
情報共有の方法を決め、3種類の異なる情報入手ルート、手段を使えるようにする
←
平常時でも半年に1回、緊急事態発生の訓練を行い、改良を続ける

緊急事態の発生から特定の時間内に必ず対処しなければならない問題がある。これらは後

で言い訳などできないほどに重大である。とりわけ初期の段階では、意思決定のために費やせる時間がほとんどない。その厳しいスケジュールに沿って、慣れていない意思決定を連続して行わないといけないのだ。

3・11事故で際立った問題は、意思決定に関する「緊急時対応システム」の欠陥である。これは誰の目にも明らかだった。しかし、そのことに着目してシステムを抜本的にデザインする、すなわち、こういう専門家や経験者を動員して、いつまでに緊急時対応システムをデザインし、必要な体制を完成させるといった手順とスケジュールは公表されていない。にもかかわらず、原発再稼働の審査が進んでいる。しかも、今回の反省が十分生かされていない。そのような事態にマスメディアから疑問が示されていないのは極めて不思議である。

まず、政府組織としての新たな意思決定システムのデザインができていないので、その不決断を脱する行動を起こす。それが緊急の課題だ。原発を安全だと言い続けることで、かえって安全なものを追求できないという「安全神話という思考停止」からも逃れるために、最もシンボリックな意思表示となる。繰り返すが、3・11事故を経験したいまこそが数少ない機会なのであり、それを見失ってはいけない。当然ながら、新たな意思決定システムでは、技術開発の進展、テロのリスクなどの時代状況をつぶさにモニターしながら不断の改良を続けることが組み込まれるべきだ。

また、シビア・アクシデント・マニュアル（ＳＡＭ）でも、世界のエキスパートの意見を十分取り入れた最先端のものを常に追求するべきであり、このサブシステムの一部に含まれる。たとえば、18歳以下の被災者に対するヨウ素剤[37]の投与も8時間以内に行わなければ無意味であるが、今回の事故では地方自治体に備蓄されていながら、その重要性に対する責任者の理解不足でほとんど投与されなかった。こういうことが二度と起こらないように事前周知の徹底と、その定期的確認のための訓練も必要だ。担当者が常に交代する役所の組織では、時間が経つと風化し、その本質を見失いがちなので、なおさら対策が求められる。

他方、放射能汚染と被曝対策は事故直後だけはなく、その先の中期・長期の観点も重要もあり、これらのフェーズを明確に分けた対策が出来上がってしかるべきである。つまり、事故直後の緊急時にはスピードが大事だから全員を一体として扱うが、中期的には性別、年齢、居住地域などのセグメントで対応し、そして長期的には個別対応に移っていくべきなのだ。この長期のフェーズでは、個々の被曝者の遺伝的特性、生活習慣、メンタルな状況までを把握したきめ細かい対策が必要であろう（コラム3参照）。

これらからわかるように、事故発生から一定の時間内に何をやるべきかに関して、すべてが詳しく理解しやすい行動手順として書き込まれないといけない。一日以内に行うべきことを二日目に対応してもすでに時間切れであり、全く意味がないのである。そして、そのマニュアルは飾っておくのではなく、平常時から抜き打ち的な訓練を絶えず行いつつ、その重要性を再確認するとともに、具体的な運用での欠点・不備を見つけて改良を続ける必要がある。

また3・11事故で明らかになったのは、常に縦割りで連携が悪いと批判されている官僚組織が、この緊急時でも行動様式を全く変えようとしなかったことだ。実際、文科省と経産省の連携は極めて拙劣だった。たとえば、あの緊急時にSPEEDI（緊急時迅速放射能影響予測ネットワークシステム）が放射能物質拡散の予測に使えるものであったのかどうかの議論が起こったが、その結論を混乱したままにしたのは、その両省の連携の悪さも原因の1つでもある。

ちなみに、SPEEDIというのはwhat-if（「こうなったら、どうなるの」を試す）モデルであり、入力を変えながら計画策定の際のシミュレーションに使うのが基本である。緊急時には時々刻々と精度と鮮度の良いデータを入手・入力できないのが普通であり、今回、実際にそうであった。それは、計測データを時々刻々送信するモニタリング・ポストの大半が壊れたことが原因である。それゆえに事故直後の状況変化の予測には使えないというのが国会事故調の見方だ。したがって、緊急時対応という観点からは、いまのハードウェアとソフトウェアのままでSPEEDIに追加の投資をするのは無駄と考えるべきだが、そういう議論を尽くさないまま、追加投資がされているようだ。

37 ヨウ素剤の服用によって、原子力災害で放出される放射性ヨウ素の甲状腺への集積を防ぎ、甲状腺への放射線被曝を阻止・低減させられる。

クリティカルな状況における意思決定システムが完備されていないということを、今後も中央政府、地方自治体、電力会社が真剣に顧慮しないとすれば、それは「プライドなき傲慢」と言うべきものである。すなわち、本当の意味での当事者意識、その裏付けとなるべき責任感と自負心がないため、批判に対して防御的になり、聞く耳を持たず避けてしまい、結果として傲慢ととられても仕方がないような態度になることだ。緊急時の対策が後手に回ったことの反省がいまだ不十分なのは、そこに起因するのではなかろうか。一方、国会事故調としてフランスの原発管理体制を調査するためフランス電力（EDF）を訪問した際、逆に質問攻めにあった。彼らは、「自分たちは世界最高の原発システムを運営していると思っているが、完璧ということはないので、福島第一の事故の経験をできるだけ知りたい」ということであった。こういう態度が「プライドある傲慢」というべきだ。

残念ながら、原発の関連分野における緊急時対応の知識を広げる努力をしてきた人たちが、これまで日本に多かったとは思えない。チェルノブイリ原発事故から現在までの間、ウクライナやベラルーシでは放射能に汚染した環境の中で、人々が現実としてどのように生活をしてきたか、そうしたことを詳しく知ろうとした人たちがどれだけいたのかも疑問だ（コラム4参照）。ちなみに、チェルノブイリ原発事故の後、ウクライナの子どもたちの甲状腺がんを治療するため、日本からかなりの数の医師が定期的に赴いて、体内被曝の具体的な状況とその原因を詳しく調べたのだが、その人たちの経験を活用しないまま、福島の子どもたちの甲状腺がんの問題が議論されているのは明らかに怠慢ではなかろうか。

ところで、このサブシステムを具体的に詰めていく場合、考慮すべき重要な課題が存在する。かつての冷戦時代における核戦争の可能性を想定した緊急時対応の蓄積がない、ということだ。アメリカ、ロシア、イギリス、フランスには蓄積があるのだが、日本にはない。その意味では、ドイツも同じである。

よく知られているように、原発で使われている原子炉は、もともと原子力潜水艦のエンジンからの転用である。海外では原子力潜水艦の事故が何度か起きている。実際、数隻が海底に沈んだままだ。原子炉そのものの事故があったとしても海水が流れ込み、冷却できると考えているのだろう。アメリカ海軍はシビアな戦闘の状況を想定して、いろいろな破壊試験を行ったに違いない。旧ソ連海軍では、兵士全員にヨウ素剤を飲ませる事態もあったと言われている。

いずれにせよ、各国では緊急時対応の経験を積み重ねてきている。また、アメリカの原子力規制委員会（ＮＲＣ）には元海軍軍人が多く働いているということだ。緊急事態が発生した際は、経験の豊富な彼らが活躍するのであろう。日本はこのような経験の蓄積がないまま、緊急時に対応しなければならない。これは組織のデザイン上極めて重要な問題である。「意思決定」「モニタリング・評価」「人材育成・配置」の3つのシステムのうち、3番目に関わる。経験不足の人材で、初体験の緊急時対応をしないといけないことを読み込んだ、日本独自のシステムをデザインしなければならない。

いったい、このような意思決定システムのデザインは中央政府のどこが行うのだろうか。これは箱物ではなく、まさに運営システムのデザインである。したがって、緊急時には省庁間の縦割りを排したうえで、関係者が24時間顔を突き合わせて作業できる環境を作るのがベストである。

なお、こういう細かい運営システムを組み込んだ具体的な組織デザインをすることに習熟した部署が、官僚機構に存在しないことが大きな問題だ。法律を作れば組織ができると官僚はいまだに考えているようだが、いまやそういう単純な時代ではない。にもかかわらず、多くの官僚は法律を作れても、組織デザインの訓練はできていないのだ。そのことに官僚自身、そして政治家も気が付かないといけない。

column・3

コラム—3

低線量被曝をどう捉えるか

100ミリシーベルト（mSv）以下の被曝を低線量被曝という。3・11事故において、いまのところ東電職員数人を除いては、地域住民で被曝した人のすべては低線量被曝という範囲である。低線量被曝による被害の可能性に関して、国際放射線防護委員会（ＩＣＲＰ）はＬＮＴモデルを採用している（図1）。

ＩＣＲＰは、専門家の立場から放射線防護に関する勧告を行う民間の国際学術組織である。イギリスのＮＰＯであり、各国の原子力関係機関、学会、国際原子力機関（ＩＡＥＡ）、世界保健機構（ＷＨＯ）などが助成金を拠出している。

ＬＮＴとはLinear Non-Thresholdの略である。すなわち、影響度は「直線的で閾値なし」という意味だ。ある線量以下であれば人体に影響がないという場合、その線量を「閾値」という。しかしそれがないので、

図 1　100 ミリシーベルト以下被曝の閾値なし直線（LNT）モデル

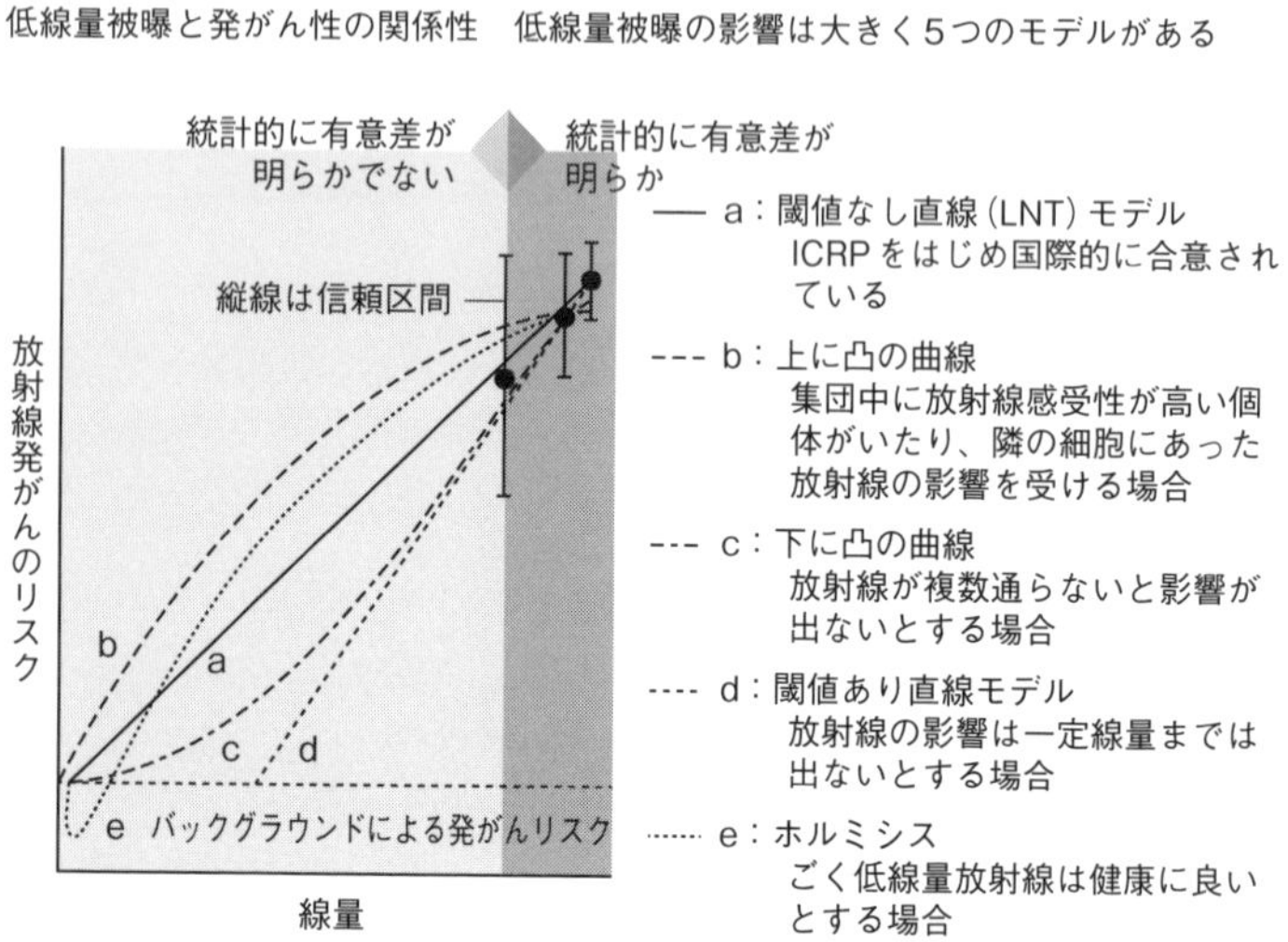

資料：国会事故調報告書。

少しでも線量が存在すれば影響があるだろうということだ。

ただ、低線量被曝である100ミリシーベルト以下の有効なデータは採取するのが難しい。適切に統計的処理ができるだけのデータが集まっていないと考えるのが妥当であり、被曝と人体影響の有意な関係は特定できない。LNTモデルは誰もが納得するだけの十分なデータで検証されたわけではなく、あくまで仮説である。そして、いろいろあり得る仮説のうち、閾値を否定しているなど比較的慎重なものと言える。

低線量被曝の基本的な拠り所は、いまだに原爆傷害調査委員会(Atomic Bomb Casualty Commission：ABCC)が広島と長崎の現地で収集した原爆被爆者のデータである。この組織は戦後、アメリカの科学アカデミーが設立し、日本の国立予防衛生研究所(当時。現在は国立感染症研究所)が参加した調査研究機関であるが、そのデータによって被爆者の長期にわたる健康状況が分かっている。また、1979年のスリーマイル・アイランド原発事故では、半径10マイル以内の住民の被曝量は平均0・08ミリシーベルト、最大1・00ミリシーベルトで自然放射線の年間被曝量2・1ミリシーベルト(日本平均)よりかなり少ないと言われている。

ところで、低線量被曝と急性の高線量被曝では、人体への影響の出方が異なる。低線量被曝の影響が出てくるのは数十年後とされている。1986年のチェルノブイリ原発事故から30年が過ぎており、低線量被曝の影響のデータが取れるとすればこれからだ。その場合、対象者からこの期間の他の要因の影響をはっきりと分けてデータを取ることは極めて難しい。高血圧、糖尿病、心臓病、脳卒中、がんなどは、食生活、飲酒、喫煙、運動習慣そしてストレスと関係があるが、それらの要因の複合的影響で発症するとされる。低線量被曝の影響も、そのうちの1つに考えるべきであろう。そうなると、低線量被曝と病気との1対1の因果関係を証明する統計学的データは、チェルノブイリのケースにおいても採取しにくいと思われる。

100ミリシーベルト以下での低線量被曝の人体への影響を示すデータが存在しているが、それを無視しているという議論もある。有効なデータが不十分ななかでは、当然いろいろな異論が出てくるだろう。しかし、一般に受け入れられている説はある。すなわち、被曝後のがんの発生率が生涯に0・55%高まるということである。この数字をどう捉えるか。日本人の2人に1人ががんに罹ると言われるなか、比較して考え

column・3

るとそれほど大きな数字であるかは素直に判断すべきだろう。1000人に500人のがん患者が、低線量被曝が加わることで505人になるという計算だ。

当然ながら、緊急時の被曝対策は徹底して行われなければならない。他方で、リスク・バランスの観点から問題の重要度の見極めも必要と思われる。

column・4

コラム―4
チェルノブイリ原発事故から見た除染問題

3・11事故後、被災地で除染が急がれたことは確かだが、すべての場所が除染可能でないことに留意すべきであった。その判断は難しいものではなく、先行していたチェルノブイリ原発事故の経験が、除染のやり方とその効果に関して参考になったはずだ。しかし、3・11事故以前の、チェルノブイリの周辺地域における具体的対策に関して、日本ではほとんど調査されていなかった。したがって、その経験をふまえた除染の知見が日本の被災地に備わっておらず、そのために事故直後の混乱のまま、拙速な判断がされてしまったのではなかろうか。

その後、日本からウクライナへ数多くの視察団が訪れた。1つにまとまっての訪問ではなく、それぞれが個別に訪れ、説明と資料を要求した。ウクライナ側はウクライナ語―日本語の通訳を含めて人的資源が乏しいなか、精一杯に対応したという。しかし、その後、それらの視察団から礼状もなければ、視察の結果がどう活かされたかの報告もなかった。日本人視察団の対応にあたったウクライナ政府の某高官が日本に来てみると、役に立つようにと説明や資料を提供したにもかかわらず、チェルノブイリの経験が反映されているようには見えなかった。彼が日本の責任部署に問いただそうとしたが、そういう部署が国にも県にも存在しないことが分かったそうである。その高官から不満を筆者は直接聞いた。

チェルノブイリ周辺では事故発生からすでに30年以上経っているが、いまだに広範囲の地域が汚染している。その規模の大きさは福島県と比較してみればよく分かる（図1）。

図１　汚染地域規模比較――福島とチェルノブイリ

福島県　　チェルノブイリ周辺

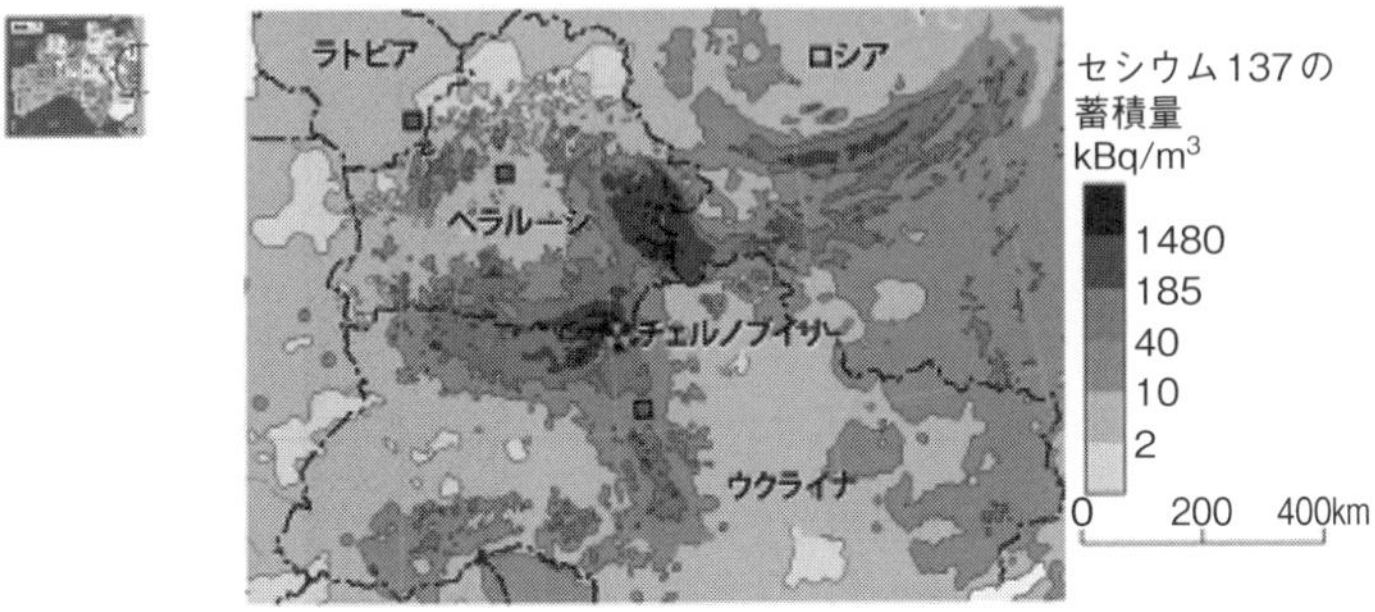

資料：国会事故調報告書を基に筆者作成。

ベラルーシのある州はほとんど居住可能ではない。地図に示されるように、チェルノブイリの西の方向に汚染が広がりを見せている。森林の汚染が風に乗って西に流れているためと言われる。つまり、現地では森林の除染ができていないのである。それは経済的理由というより、むしろ技術的な理由である。樹木の葉の部分は効果的に除染できないので、そのままにしておくことになる。それが山火事などで燃えると、放射性物質を含んだ煙が風に乗って他地域に広がることが起こる。それがチェルノブイリ周辺では、いまだに起こっている。日本でも同じ問題に直面するはずだが、このことへの国民的理解はあまり広がっていない。

また、雨水が地上に落ち、地下に浸み込んで、数年後に木の根から吸い上げられることで、樹木の汚染が時間差をおいて進行する。汚染された樹木は切っても木材として利用できず、燃やしても放射性物質は残るから処分もできない。結局、地下に埋めるより仕方がなくなる。したがって、汚染される前に伐採してしまうことが必要となる。この場合、樹木の汚染が進む前に行動を起こさないといけないのは明らかだ。原発事故後の処理に関わる課題では、それに対する効果を確保しなければならず、決断と実行に期限が求められる。

しかし、日本ではそのようなスケジュールを誰が管理しているのだろうか。該当する組織があれば、人々に十分に知らせないといけない。また、そのスケジュールを定期的に公開し、決断と実行を説明して理解を求めることが不可欠だ。だが、ウクライナの高官が指摘したように、そのような体制が政府にも地方自治体にも明確に存在していない。

一方、福島県では農業用地の除染が進み、それ以降の汚染の防護なども実施され、すでに問題がないにもかかわらず、そのような広報が十分なされていないまま、風評被害はまだ進行している。他の環境汚染とは違い、放射線に関しては、単に汚染度が基準値以下だという数字を流すだけでは解決されない。人々の安心感、ある意味では過剰な安心感の要求に応えるだけの辛抱強い、そしてあらゆる工夫を盛り込んだコミュニケーションが大事なのだ。

このような政府や地方自治体による、多種多様な決断と行動の一元的スケジュール管理と継続的コミュニケーションも、「社会システム」としての原発システムの一部なのである。

⑦緊急時に世界に向けた情報提供をプロアクティブに行うシステム

このサブシステムは、「緊急時に世界に向けた情報提供をプロアクティブに行うシステム」である。その対象は、中央政府、電力会社、原発関連企業だ。そしてサブシステムごとの行動ステップは次の通りである。

海外では日本に対する知識が少ないことを前提として、緊急時の情報提供の企画を立案する

↓

定期的な演習をやり、「初めてなので気も動転する」という状況を避ける

↓

各国の大衆心理を知った専門家が、情報の内容と表現を発表前にチェックする

↓

海外現地でモニター・グループが時々刻々フィードバックし、説明の仕方を修正する

↓

主要国マスメディアのキャスターなどへ直接コンタクトし最新資料を提供する

原発事故の影響は国境を越えて広がる。それはチェルノブイリが明確に示していた。今回の3・11事故でも、世界中がチェルノブイリの記憶を思い起こしながら、その成り行きを見守ったはずだ。そして、日本政府の提供する情報の少なさに不安と不満を覚えたのである。

各国のメディアでは、外国人には聞きなれない地名であったフクシマとトーキョーの位置関係の分かりづらさや両者の間の距離の実感のなさ、チェルノブイリとフクシマの影響範囲の規模の違い、そして特にアメリカのマスメディア関係者の放射線とその健康被害の知識のなさなどが相まって、極めてバランスを欠いた報道が続けられた。日本政府は、主要国の報道状況をモニターしながらニュースキャスター、コメンテーター、スタッフの基本的理解が増すように具体的に働きかける必要があったのだ。したがって、そういう緊急事態でも右往左往するのではなく、冷静に状況判断をして活動できるように、政府の広報担当の訓練が求められる。

いま振り返っても、日本政府の情報提供能力の低さは目立っていたように思える。それに加えて、国内および海外の人々の気持ちを落ちつかせるためか、事故をトーンダウンして説明しようとするので、かえって不安が増した面があった。また、曖昧で専門性を欠き、かつ後手に回る説明だったので、人々の憶測による情報が拡がった面もあった。しかも、その説明のほとんどは国内に向けたもので、海外の受け止め方を意識していなかった。筆者が後に外国人の関係者に指摘されたのだが、自己憐憫ととられるような視点による情報提供の悪影響は大きく、後々まで尾を引いてしまったようだ。こうした反省に立って、特に海外に向けた広報体制を構築しておくことを目指すべきである。

原発に限らず、日本政府の海外広報は世界の水準に比べて遅れている印象が強い。政府関係者の間で、広報の重要度に対する認識を飛躍的に高める必要がある。

⑧警察、消防、自衛隊の連携行動を推進するシステム

このサブシステムは、「警察、消防、自衛隊の連携行動を推進するシステム」である。中央政府、地方自治体が対象になり、サブシステムごとの行動ステップは次のようなものだ。

緊急時に警察、消防、自衛隊を統括する本部を速やかに設置する

↓

互いの得意、不得意分野を細かく検討し確認する

↓

指揮命令系統を統合し、一体で動けるように組織を組み立てる

↓

三者が互いに面識を持つように定期的に会合を持つ

↓

非定期の訓練を通じて、常に感覚を鋭敏に保ち迅速性を確認する

3・11事故で経験したことは、災害時に対応する政府組織の連携の悪さであった。その背景にあるのは、組織の指揮命令系統が緊急時には一元的に運営されるようにシステムがデザインされていないという問題だ。平常時はいざ知らず、緊急時において速やかな災害鎮圧と住民救助に関わるべき組織、とりわけ警察、消防、自衛隊の間の密接な連携を確保するシステムが必要であった。そのシステムは規律と臨機応変という、相反する要件をともに備えておかなければならないが、それが共有されていなかった。

当然ながら、これらの組織は通常時の管轄も異なる。たとえば、警察と自衛隊の統括的指揮権は中央政府にあるが、消防だけは地方自治体の長にある。このことで、3・11事故の緊急時に放水能力のある消防車の出動に手間取ったなどの事態が生じた。また立ち入り制限区域には、最も土地勘がある消防は入ることができず、自衛隊と警察は入れたが、自衛隊員はその多くが福島以外から動員されたので土地勘がなく、救助すべき人たちの居場所を特定するのに時間がかかったうえ、人員救助に適した救急車両を迅速に調達できなかったという問題も引き起こした。その結果、かなりの人命を失っている。

さらに問題と言えるのは、緊急時における自衛隊の役割が明確でなかったことだ。エンジニアと違って、日本で「想定外」を想定し、常時訓練している組織があるとすれば、それは自衛隊である。実際、常に災害時に活躍している。自衛隊の存在に批判的であっても、災害時の救援で活躍してきたという事実を否定する人はいないであろう。彼らは3・11事故を「戦闘事態」と捉えていた。すなわち、毎朝「出撃」といって出発したそうである。その意味は、活動中に命を落とす、また全員が無事に帰還できない場合もあり得ることを覚悟していたということだ。それをどう受け止めるかは人さまざまであろうが、そういう組織が日本に存在しているということである。

その前提であれば、緊急時における警察、消防、自衛隊の三者の緊密な連携関係をあらかじめ明確かつ綿密に決めておくべきであろう。そこでは各種ハードウェアの共通化や接続の容易さなども確保されるべきだ。そして、その実効性を新しい状況で試しながら改良を続けることも欠かせない。

⑨人命保護・使用済み核燃料処理を重視する原発技術開発システム

このサブシステムは、「人命保護・使用済み核燃料処理を重視する原発技術開発システム」である。ただ、こうした新たな原発技術の開発を推進するには、とりわけ十分な議論を行い、国民的合意を得る必要がある。それを前提とするならば、中央政府、地方自治体、電力会社、原発関連企業、大学・研究機関が対象になり、サブシステムごとの行動ステップは次のようになる。

人命保護を重視し、使用済み核燃料を安価かつ効果的に処理する技術開発の方向を明確に

する

←「原発システム」を国際的にリードし、各国と協調と競争の関係を形成する

←原発の技術開発で日中韓の関係を深める政府レベルの場を設定する

←日中韓の大学間の人材交流を促進し、人的ネットワークを形成する

1990年代後半から現在にかけて建設された原発は「第3世代」と呼ばれる。福島第一原発は1971年に完成したものだが、それに比べると原発の設計はかなり改良されてきた。今後、さらに新しい原理に基づいた原発が可能であり、それは「第4世代」と呼ばれている（コラム5参照）。3・11事故を受けて、世界の多くの研究機関では、第4世代の目指す方向を再確認している。すなわち、事故時の周辺への影響の極小化、人命保護の一層の強化、それに使用済み核燃料の最小化である。

このような第4世代の開発に日本が加わることは、人々に抵抗感を抱かせるかもしれない。安全性を高め、緊急時の住民に対する悪影響を小さくし、残存核物質を少なくするなどの性能が追求されるとはいえ、そもそも原発技術の開発自体を止めるべきだという意見もあるだ

ろう。たしかに、3・11事故の経験によって、原発をはじめその他の原子力技術開発をすることに恐れを感じて、その考えに納得する人たちがいるのもわからなくはない。しかし、ここで挙げた例は原発の苛烈事故を起こさず、使用済み核燃料処分の負担を軽減するための技術開発であり、これらのリスクを小さくする改善である。なお、第4世代の大半が商業利用されるのは、2030年以降と言われている。

また、近隣の中国は原発の導入に積極的な姿勢を示しており、第4世代の原発の研究開発を進めている。中国と韓国ではそれより古い世代の原発が東海岸、すなわち日本の対岸地域にすでに多く位置している。それらの原発に万一事故が起こった場合、重大な影響を被るのは日本であることは間違いない。その意味で、事故の影響には国境がない。近年、韓国ではその地域にかなりの規模の地震が起こってもいる。そういう日本が置かれている現実も直視しないといけないだろう。原発の推進か反対かの議論をするにしても、もはや日本国内だけの問題ではないことを十分認識しておく必要がある。

したがって、国内の原発是非の議論とは別に、この国際的な技術開発のシナリオを避けて通るのではなく、むしろ積極的に参加して状況をリードしながら、より安全性と信頼性を高めることに貢献した方がよいと考える。そして事故時の被害の極小化、人命保護、さらに使用済み核燃料の最小化を可能とする技術開発の蓄積を図るのがよい。諸外国の技術開発は日本とは関係なく進んでいくのであり、このままだと世界に置き去りになってしまい、将来何かの事情で原発が必要になった際、自前技術を持たないために、再び外国、たとえば中国から購入するような状況になりかねない。そのような状況になることは避けるべきだ。中国製原発のリスクが高いという意味ではない。設計に使われている境界条件が日本の状況に適していないかもしれず、その福島第一原発の過ちの繰り返しを回避するという意味である。ただ、それは原発関連の事業者の努力だけでは成り立ちにくい。おそらく時間のかかる、世代をまたがる技術開発なので、それを支えるには国が関わらないといけないだろう。

日本では原発「40年ルール」を前提として、この約30年間で、いま存在する原発はほぼすべて廃炉になっていく。それに伴い第4世代の原発が導入されるのか、あるいは自然エネルギーなど他の電源に代替されるのか、そのときの状況と判断によるだろう。ただ、原発のグローバリゼーションを見据えて、原発の是非の議論とは別に「あれはあれ、これはこれ」の発想で、日本もこうした国際的な技術開発に加わっておけば対応の選択肢は増える。

そして2050年を目安に、自然エネルギーの技術展開、産業構造の変化による電力需要の増減、政治の意志など諸々の理由からエネルギーミックスの方向が変わり、原発に全く依存しないということもあり得る。第4世代の設計に廃炉のしやすさも加味しておけば、その際には安全性向上やコスト低減につながり、世界の原発にとって有効な準備になるだろう。

コラム―5

第4世代の原発のゆくえ

現在の原発にはまだ改良の余地があるだけでなく、新たな技術によってより安全な原子炉を開発する可能性が残されている。現在稼働中の原子炉は「第2世代」と「第3世代」と言われている。理論上は「第4世代」以降があるということだ。技術に関しては、これで終わりということはない。かつて西側諸国初の原発としてイギリスのコールダーホール原発（1956年運転開始）が知られていたが、このような第1世代の原子炉はすべて廃炉になっている。原発も時代とともに進歩しているわけだ。

つまり、現在の原発が究極の完成品ということではない。自動車、飛行機、テレビなどすべての工業製品が改良されていくのだから、原発も例外ではない。現在に比べて安全性が高く、緊急時に近隣住民に対する悪影響が小さく、使用済み核燃料の処理がしやすく、残存核物質が少ないという飛躍的な性能を持った原子炉が開発される可能性もあるだろう。

いま、第4世代の原子炉が目指しているのは、建設コストの削減、安全機能の向上、廃棄物の低減、天然資源の利用、核拡散抵抗性[38]の確保などである。この世代の原子炉としては、熱中性子炉および高速炉が数種類ずつ考えられている。ただ、その大半が商業利用されるのは２０３０年以降になると言われているが、それでも自然エネルギーが中心になるであろう２０５０年までは20年の時間がある。スケジュール的には第4世代の原子炉を作るのか、作らないのかの議論を10年後ぐらいから始めないといけない。

それよりも早く利用される可能性があるのは、小型モジュラー炉[39]である。電気出力が従来の軽水炉より小さく、安全性が高いとされる。具体的な炉型としては、４Ｓ炉、ＰＲＩＳＭ炉、高温ガス炉[40]などである。４

38 原子力施設が軍事転用されにくいように設計されていること。

39 Small Modular Reactor（ＳＭＲ）。早ければ２０２４年に稼働することが見込まれている。

S炉の技術を活用した進行波炉[41]というものもある。これは通常の冷却機能を事故で喪失しても、空気冷却で除熱できるなどの利点がある。

2030年以前に利用される可能性を持つもう1つの原発は、トリウム原発[42]である。20世紀後半にはアメリカで実証炉が動いていた。現在はインドがトリウム原発の活用を始めており、中国もその方向に動こうとしているようだ。資源としてはウラン235よりもトリウムの方が世界に存在している量は多く、特定の地域に偏在しているわけではない。プルトニウムが得られないために核兵器製造への転用もやりにくい。その場合、溶融塩炉[43]であれば、事故時に水素爆発もなく、自然冷却も可能だとされている。しかし、強力なガンマ線による腐食の問題をはじめとした未解決の問題は多々あるようだ。

これらの原子炉の可能性、安全性にはいろいろな議論があり、また異論もある。実際に利用されるまでに幾多のハードルも存在する。しかし、原発技術の開発に関して、日本の動向に関係なく、世界では現在稼働中の原発よりもいっそう安全性が高く、廃棄物の少ない技術を目指して研究が進むだろう。

column・5

40 4S（Super-Safe,Small anad Simple）炉は東芝が開発している。PRISM（Power Reactor Innovative Small Module）炉はGE日立ニュークリア・エナジー社が開発。高温ガス炉（高温工学試験研究炉、High Temperature engineerring Test Reactor：HTTR）は日本原子力研究開発機構が建設。

41 Treaveling Wave Reactor（TWR）。ビル・ゲイツ氏が出資したプロジェクトで検討されている。

42 注10を参照。

43 溶融塩を冷却材として、そこへ核分裂物質を混合させる原子炉のこと。

⑩原発科学者、技術者、放射線医学の専門家を募集・育成するシステム

このサブシステムは、「原発科学者、技術者、放射線医学の専門家を募集・育成するシステム」である。中央政府と原発関連企業、大学・研究機関が対象になり、サブシステムごとの行動ステップは次のようになる。

← 専門家を募集・育成するうえで、現状の縦割り体制の欠点を明確に共有する

← 国外の縦割り体制も調査・確認し、そこからの脱却の方針を共有する

異なる分野の専門家が交流する場を増やし、面識のある関係を各組織レベルで作る
↓
共通の学習の場および専門分野間のローテーションを組み込んだキャリア・パスを作る
↓
実際のキャリアの見通しを広く宣伝する

3・11事故以降、原発に反対する声が高まるなか、原発科学者、技術者、放射線医学といった専門家を育成することに抵抗を感じる人は少なくないだろう。このような状況を逆手にとって、従来の縦割り体制によらない、新しく定義した職能を持つ専門家集団を作り上げていくことを目指す。それを実現するのが、複数の分野を知り、それを統合的に考える能力を訓練する体系を整え、それに従って適切なタイミングで国内外を問わず、いろいろな経験を積むことができるキャリア・パスを組み込んだシステムである。

現在でも、原子力関係の研究者、技術者の放射線医学に関する知識は、極めて教科書的な理解にとどまっているようだ。彼ら自身が被曝する状況は幸いにしてあまりないだろうが、それを認識したうえで、現実的な放射線対策は何なのかという視点を持つ専門家に育てないといけない。

たとえば、女性や子どもが放射線の影響を受けやすいのは広く知られてきたが、原発に関す

る専門家であれば、それだけでなく実際はもっと個人差があることを認識してしかるべきだ。個々人の遺伝子的特徴から、ある種の人は他の人よりも放射線に過敏に反応する。近年、遺伝子のレベルで疾病を解明する医学の進歩で、そのメカニズムも分かってきている。

なお、放射線の影響を考える際、広島、長崎の被爆者データ[44]は信頼できる数少ないものであるが、それによると一般の人よりも放射線に過敏に反応する人が百人に一人いるという。そうすると、今回、福島県民の中に、理論上で数千人程度いることになる。そのような人たちへの対策も必要だ。

また、一般的な認識は低いが、放射性物質を扱うのは原発だけではない。医療や研究開発などで放射線物質が活用されており、日本の数千ヵ所で保存されている。これを念頭に入れて対策を考えるべきだ。

こうした事柄を知識として、放射線医学者はもちろん、原発科学者、技術者も身につけておくべきだろう。

44 アメリカが設置した民間機関である原爆傷害調査委員会（ＡＢＣＣ）によるデータ。

⑪法律・規則を守るだけでなく、絶対に人を事故に巻き込まない事業者競争推進システム

このサブシステムは、「法律・規則を守るだけでなく、絶対に人を事故に巻き込まない事業者競争推進システム」である。中央政府と電力会社が対象になり、サブシステムごとの行動ステップは次の通りである。

事業者の目的を時代に合わせて修正し、新たな方向を目指すことを宣言する

↓

統一方向を出すことよりも、安全への切磋琢磨を競争する仕組みに変える

↓

事業者ごとの新しい工夫を評価し、組織の内外に知らせる

↓

組織をオープンにし、市民との対話の場を定期的に設ける

↓

世界の同業者とその事業者協会の動向を知り、その運営の最先端を目指す

日本では電気事業の運営の円滑化を図ることを目的として、電気事業連合会が設立されて

いる。これは電力会社各社で構成されるが、いわゆる護送船団方式の組織と言われてきた。つまり、どの事業者も落伍することなく存続していけるように運営されてきたのだ。そして、それは国会事故調の指摘する、規制側が被規制側に実質的に支配されてしまうような「規制の虜」のせいなのか、行政もそれを容認していた。しかし、そのような慣行の欠点が3・11事故で明らかになった。事業者間での競争が上手く機能しなかったことが明確になったのである。別に日本固有の文化風土のせいではなく、単にデザインで変更可能な組織固有の状況でしかないのだが、それを大きく変えるという動きを電事連はいまだ見せていない。当然のことながら、3・11事故の後、電事連は変わったという世間の評判も得ていない。この状況を変えるべきだろう。

では、どのような方向に変えるのか。それは「仲間を守る」から何があろうと「人命を守る」へという基本的な考え方と行動様式の転換である。そのためには、単に法律や規則を守っているだけでは、不十分であることに電事連は気が付くべきだ。実際、今回の事故は何か違反を犯したから起こったのではない。法律・規則は十分に守っていた。それでも事故は起こった。要するに、法律・規則が要求する以上をやらないといけないのだ。そのことが身にしみて分かったはずだ。原発も交通安全の標語と同じように「法律・規則を守った運転」から「絶対に人を事故に巻き込まない運転へ」転換することだ。それがメンバー間の自然な競争という形で起こるのが望ましい。

アメリカの電力事業者組織である原子力発電運転協会（ＩＮＰＯ）では、そうした行動が起こる力が働くように、組織の意思決定システムがデザインされている。それは安全に対する競争と、それに劣後した場合の「仲間」からの圧力である。「お上」からの圧力ではない。「人命を守る」すなわち「絶対に人を事故に巻き込まない」という意志を持てば、規制はされていなくても、すべきことはたくさんある。技術、組織、人材、情報収集・提供などさまざまな面において、これで完成ということはない。それには当然のことながらコストがかかる。しかし、そういうコスト増が電気代に跳ね返っても、しっかり説明すれば消費者は納得するはずだ。そういう行動を起こす自発性・自律性を持つことも、原発ムラからの決別につながるだろう。

⑫世界に開かれ、多様な人材を引きつける廃炉の技術開発・運営システム

このサブシステムは、「世界に開かれ、多様な人材を引きつける廃炉の技術開発・運営システム」である。中央政府、電力会社、原発関連企業、大学・研究機関が対象になり、サブシステムごとの行動ステップは次の通りである。

廃炉技術・マネジメントにおける人物とキャリア・パスの魅力的な像を描く
↓

そのような人物を実際に生み出し、分かりやすいロール・モデルとする

↓

グローバルな廃炉専門プロフェショナル・ファーム育成をリードする

↓

廃炉作業を行う組織と意見交換し、人材交流をする

↓

廃炉技術・マネジメントに関わる研究開発の発表の場を設定する

原発のライフサイクルのマネジメントの観点からも、これから廃炉は世界中で極めて重要な活動になっていく。しかもその対象となる原子炉の数はかなり多い（現在、世界の原発は430基程度）。しかも、世界ではその数は増えていく状況にある。果して、それを長期にわたって支える人たちは十分にいるのだろうか。おそらく膨大な人数よりも、必要な質を確保することが重要であろう。また、この分野には独特の技術とノウハウが欠かせないだろう。それを蓄積[45]して、世代を超えて伝えていくことも求められる。

とはいえ、廃炉というのは地味な仕事と言えるだろう。何も対策を打たないと、このような仕事を自分のキャリアとして目指す人材はそうたくさんは出てこないと思われる。一般的には、何か新しいものを作ることに関わる方がやりがいを感じるからだ。

しかし、本当にそうだろうか。アメリカではすでに30年以上の間、新しい原発が作られていない。けれども、原発の安全、放射性廃棄物の管理などの監督を任務とする原子力規制委員会（NRC）は長年就職先の人気上位ということだ。これは原発を造ることだけが魅力的なキャリア・パスではないという証拠である。肝心なのは廃炉をいかに社会でポジショニングするかであり、それもこの原発システムのデザインの一部なのだ。

廃炉が中心であっても、魅力的なキャリアは作り出せる。関係者の創意工夫の余地は十分にある。たとえば、世界を舞台に活躍する「グローバル・デコミッション・マネジメント・エンジニア」に人材を育て上げることも可能であろう。すなわち、廃炉技術と経営が分かり、英語の堪能な人物だ。筋肉よりも緻密な頭脳が必要という面では、世界のどこでも、どのような状況でも物おじしないタイプの女性に向いているプロフェッションであるかもしれない。そのような人たちによる横断的に連携したプロフェッショナル集団が出来上がる可能性もある。国、宗教、性別などを超えたグローバル・プロフェッショナル・コミュニティの形成は、新しい魅力的なキャリアを若者に提供することになるだろう。

それでも、民間企業は廃炉作業を儲かるビジネスには作り上げにくいかもしれない。しかし、しっかりとしたプロフェッショナル・フィーの体系は確立できるはずだ。廃炉を専門にするプロフェッショナル・ファームとコントラクターという関係も出来上がるだろう。

なお、廃炉作業に参加する企業も過当競争になるよりは、作業品質の確保のために互いに協力する方が現実的である。それは談合の世界ではなく、プロフェショナル・コード・アンド・コンダクトというルールに基づいたオープンな仕組みである。そうした理解を共有できれば、「廃炉作業コミュニティ」が作りやすいだろう。

現在、日本でもいくつかの電力会社で廃炉が進行中である。しかし、世間の注目を浴びることはない。その作業がもっと知られることは、世間の原発に対する包括的な理解を増すことにつながるに違いない。

2――6つの良循環、12のサブシステムの実施へ

すでに3・11事故からかなりの時間が経過し、原発システムのデザインを具体的に開始するタイミングを失い始めている。とにかく速やかな行動が必要だ。原発の推進か廃止かという

45 その蓄積を以後の原発の開発に活かすこともあり得る。廃炉のやりにくさから発生するコストの実体を摑んで、それを最小化するような原子炉設計へとフィードバックするなど。建築の例で言えば、最近の商業建築というのは昔の公共建築ほどに寿命が長くないので、もともと壊しやすい設計になっている。これも解体作業からのフィードバックの成果である。

「あれか、これか」のなかなか結論の出ない議論とは別に、「あれはあれ、これはこれ」という思考で行動を起こさなければならない。

これまで述べたように、まず「安全神話」という呪縛が作り出していた3つの悪循環を定義し、その背景にある中核課題を確認する必要があった。そこには、日本社会に固有の歴史的状況があることを十分理解しなければならない。それができて、日本のいまの状況に即し、かつ安全性を徹底的に高めるための6つの良循環を作り出すというスタート台に立つことができる。

ここに示した6つの良循環は筆者の第一試案である。これを各々の関係者が十分に吟味し、実現性を増すために改良を加えて、より明確、かつ具体的なものに仕上げていく。そして関係者の間で何とか実施の合意をとりつけ、それらを駆動する12のサブシステムを早急にデザインし、実施に移すべきである。

それらの多くには、政府レベルの強い決意に基づいた行動が必要だ。逡巡は許されない。「政治的にタイミングが悪い」「この政策を動かせる人材がいない」「予算措置ができるまで詰められていない」「もっと政治的に優先順位の高いものがある」「すでに政府で検討中である」等々、おそらくいつもの議論が起こるだろう。それを乗り越えるには、日本の新しい行動様式を作り出すくらいの覚悟が必要だ。日本人が自分自身でいい加減うんざりしている部分を変革する機会でもある。

ともあれ、以上を実施する体制を作るという政府の意志がまとまれば、まずはその体制の組織デザインに関わる要素、すなわち「意思決定」(サブシステム6)、「モニタリング・評価」、および「人材の育成・配置」(サブシステム4、5、10)を短時間に完成させ、テストを通じて不完全な部分を洗い出して改良する。また、そのプロセスにおいて阻害要因になるような条件を最優先で除去していく。こうしたメリハリの効いた行動が互いを触発しながら、次々に起こることも望ましい良循環であると言える。

以上、本章では原発システムの良循環を支えるサブシステムを概観してきた。そこで示したように、原子力分野の専門家だけでなく、他の分野の専門家、そして一般市民も参加して議論できる枠組みが必要である。それをいまこそ作り出す努力をすべきなのだ。原発システムが「エンジニアリング・システム」であれば、エンジニアという専門家に任せておけばよい。しかし「社会システム」と捉えるならば、より多面的で統合的な視点が必要であり、それを持った多くの人々の参加が要請される。

もちろん、その視点が世界共通であるとは言い切れない。それぞれの社会には固有の文化、歴史、風土があるからだ。原発システムを考えるうえで、「技術のロジック」だけでなく、「社会の価値観」も含めた統合的視点が必要であることをあらためて強調したい。

ともあれ、いま我々が成し遂げなければならないのは、日本発の課題設定である。つまり、原発が直面する中核課題を明確に提示することだ。３・11事故によって日本は「課題先進国」になったという見方があるが、それは間違っている。単に、これまで「課題設定能力欠如国」であったことを示したに過ぎない。ここに述べた内容を実施できれば、日本だけではない、世界中の原発に当てはまる先進的な課題設定になり得る。そこで日本は原発に関する限り、「課題設定先進国」になる。これが本書のテーマの１つである課題設定能力の獲得につながるのである。

第6章

未知のプロセスとリスクへの対応

——廃炉と放射性廃棄物の処理

日本ではいつ、どこに大地震が来てもおかしくない。原発の推進か反対かという「あれか、これか」の議論とは別に、現存する原発施設の耐震、津波対策（あるいはテロ対策）など、さまざまなリスクに対する補強や強化は徹底的に進めないといけない。それが原発という課題において、「あれはあれ、これはこれ」という冷徹な思考によって行動をとるということだ。それと同時に今後、最も必要とされるのは、効果的でコストのかからない「廃炉のプロセス」と「放射性廃棄物の処理」というテーマである。

1――廃炉プロセスという未知の分野

1・1　廃炉の費用

確認のため繰り返すが、たとえ脱原発という結論になったとしても、その瞬間に日本のすべての原発が消えてなくなるわけではない。稼働していようといなかろうと、いま存在するすべての原子炉をいずれは廃炉まで持って行かないといけないスケジュールになっている。ドイツでは2017年現在9基の原発が稼働しているが、全廃するのは2022年としている。一方、日本ではどうだろうか。原則として「40年ルール」を遵守する法律が変わらない限り、2022年までに、現存する稼働可能な48基のうち、17基が廃炉になる。その後2030年で31基、2050年頃には全部が廃炉になる。「40年ルール」の例外規定として最長20年、1回だけ運転延長が可能になっているとはいえ、その分が遅くなるだけで廃炉がなくなるわけではない。また、世界には稼働中の原発が440基程度あり、それらも順繰りに廃炉のプロセスに入っていく。

この廃炉プロセスにあたって、経済的につじつまが合うように管理していかなければならない。これは世界的に未知の分野であり、資金だけでなく知見と人材が必要だ。技術研究組合国際廃炉研究機構（ＩＲＩＤ）[46]という組織が存在するが、そこが役割を担うのだろうか。おそらく、このままでは人材の質と量の面から十分にはいかないだろう。３・11事故の影響もあって、原発分野を志す若い世代が減って先細りしている。そうしたなか、特に後ろ向きの作業と見られやすい廃炉に携わる人材をどうやって強化し、数十年にわたって供給すべきか。そういう議論はいますぐ必要だ。廃炉を行うための技術的専門家や作業員を育成し、できるだけ税金を使わないで廃炉を行うための費用を捻出しないといけない。

現在、政府が算出している一基あたり数百億円という廃炉費用の想定は、「廃炉」の定義によって振れ幅が大きくなる。実際、ドイツが現在進めている作業を見ると、廃炉に一基あたり数千億円かかっているようだ。日本にある原発より世代の古い24基の廃炉を進めているイギリスでは、50兆円を想定しているが、この世代の原子炉は廃炉を十分想定していなかったのか、見直しをするたびに増えている。廃炉費用を算定する際に額を左右する要素は、「放射線に汚染された物質の処分量」と「廃炉にかかる作業期間」だが、日本では後者を短く想定していないだろうか。一般的に言って、未知の分野では最初に決めた期限内に作業が終わる可能

46 ２０１３年８月、日本原子力研究開発機構や、沖縄電力を除く電力会社、プラントメーカーなどにより設立された。福島第一原子力発電所の廃炉作業に必要な技術の研究開発を喫緊の課題として取り組む。

性はかなり低い。

1・2 「廃炉」と「原発ライフサイクル」の専門家集団

第5章で挙げたサブシステムのうち、「⑫世界に開かれ、多様な人材を引きつける廃炉の技術開発・運営システム」に関して補足しておこう。現在、日本に40基以上の稼働可能な原子炉が存在するのは厳然とした事実である。稼働を停止しているからといって安全とは言えない。原子炉内およびすでに発生している使用済み核燃料は、冷却を続けないといけない。そして近い将来、これからすべての原発が廃炉のプロセスに入る。時間は確実に過ぎていき、老朽化して廃炉対象になる原子炉は順繰りに出てくる。すでに中部電力は浜岡第一、第二の廃炉作業に入り、関西電力も美浜第一、第二の廃炉を発表した。長期にわたって続いていく廃炉のプロセスを効率よく進めるには、「廃炉」の専門家集団を育成しないといけない。

また、自然災害、テロなどの緊急事態に備えながら、耐用年数の終了に至り、廃炉にたどり着くまでの原発のライフサイクルがしっかりとマネジメントされなければならない。たとえば、原発の稼働・非稼働に関係なく、現在に建設されているものにはメンテナンスを絶えず行い、必要な改善を続けていく。そのような作業を担う人材の世代交代を想定し、技術と経験が着実に伝えられていく、などである。そして、こうした「原発ライフサイクル」を運営する専門家集団も育成されていくべきである。

しかし、3・11事故以降の原子力分野が置かれているネガティブな状況のなかで、原子力工学を目指す若者は急激に減っている。まして、どちらかというと後ろ向きの印象がある廃炉や、原発のライフサイクル運営を専門にしようとする若者は、そう多くは出てこないだろう。このままでは原発システムの幅広い機能を支えるために、よく訓練され、信頼できる専門スタッフが育たないことになりかねない。今後の約30年間という期間において、原子力分野での優秀な人的資源が不足する事態に陥るのは明らかだ。

民間の事業者は経営にメリットがなく、株主に説明できないことは積極的にやらないものだ。また、これらを担当する「庁」や「機構」という組織を法律で作るというのも安易な発想だ。法律を作れば、実効性のある組織ができるとは限らないことはすでに述べた。その典型的な失敗例が、原子力安全・保安院だったと言えるのではなかろうか。しかも、原子力規制庁もその発想から抜け出していない。

まずは、実際に人材の募集・育成・配置の仕組みを丁寧に構想するべきである。そして、若者にとっても、彼らの親にとっても魅力あるキャリア・パスをデザインすることだ。すでに述べたように、廃炉技術・マネジメントを遂行する専門家になれば、先端的な高度技能を持った人材として、これまでにない魅力的なキャリアを開ける可能性がある。そのためには国際的に活動するプロフェッションを育て、そのような人たちが連携してプロフェショナル・コミュニティを生むような仕組みを作ることだ。そうすれば、その意義と責任を幅広く知ってもらえるようになり、優秀な若者が自然とたくさん集まり、キャリアを追求するようになるだろう。このような人材を育成する仕組みを作るのも、「社会システム・デザイン」の課題なのである。

2――放射性廃棄物の処理

2・1 余ったプルトニウムの行方

もう1つの重要なテーマとして、「放射性廃棄物の処理」が挙げられる。具体的には、使用済み核燃料の超長期保管をどう解決するか、という問題だ。これに関しては、すでに作り出してしまった使用済み核燃料のプルトニウムをプルサーマル発電[47]に使い、将来的には高速増殖炉で使用するということで、日本は国際的に理解を得てきた。しかし今後、プルサーマル発電を大々的に行わないのであれば、現在保有しているプルトニウムが余ってしまう。これを日本が原爆製造に使わないことを国際的にどう納得させるかは大きな課題だ。

日本人の大半は、日本を平和国家だと思っている。しかし、近隣諸国を含めて、多くの国々は必ずしもそう見ているとは限らない。日本の技術力からすれば、このプルトニウムを使って原爆を作る能力があり、しかも政府の方針が急に変わって原爆製造をやりかねないのではないかと、潜在的には極めて危険な国と見ているのが実態だ。我々は非現実的な過剰反応と一笑に付すが、諸外国はそう簡単に日本を信用してくれないだろう。このような課題にどう対処するのか、その方針と計画を立てる作業が必要である。結論の出ない議論ばかりでは、日本に対する諸外国の信用を確立するために重要な作業が遅れることになってしまう。

2・2　使用済み核燃料を処理する技術開発

前章のサブシステムの「⑨人命保護・使用済み核燃料処理を重視する原発技術開発システム」では、使用済み核燃料を安価に、かつ効果的に処理できる技術開発を論じた。それでも、すでに作り出してしまった「核のごみ」と言われる使用済み核燃料の処分をどうするかという直近の問題が解決するわけではない。

処分する方法には、大きく分けて2つが考えられる。まず1つは日本が採っている方針で

47　原発の使用済みウラン燃料からプルトニウムを取り出し、ウランと混ぜて再び燃料（ＭＯＸ燃料）として活用する発電。

あるが、再処理によって使用可能なプルトニウムを取り出した後、残った放射性廃棄物をガラス固化して最終処分するという方法だ。もう1つは、この再処理法に見切りをつけたアメリカや北欧などによるもので、使用済み核燃料をそのまま最終処分するという方法である。

いずれにせよ、放射能レベルが高い「高レベル放射性廃棄物」が発生するわけで、その処分をめぐって、原子力を利用した我々は考えていかなければならない。現在の日本では、高レベル放射性廃棄物はガラス固化体に成形され、冷却のために一定期間貯蔵し、その後に地下300メートル以深の地層に処分する計画が立てられている。すでにあるガラス固化体は、青森県六ヶ所村の高レベル放射性廃棄物貯蔵管理センターで、冷却のため一時貯蔵されている。

2013年に小泉純一郎氏が「原発ゼロ」を訴えて注目を集めた。その背景には、フィンランドにある放射性廃棄物の最終処分場を視察したことが大きかったという。そこでは放射性廃棄物（プルトニウムの半減期は2万4000年）が無害になるまで、10万年にわたって地下深く封じ込めなければならない。1000年後の人類のありようさえ想像を超えるのに、現在の知識と技術で放射性廃棄物を埋めることが許されるのかという思いがあろう。

たしかに使用済み核燃料の処分をめぐっては、難しい問題が存在する。しかしながら、現在、その方法として超長期保管の技術だけではなく、半減期を短くする技術[48]なども探られている。使用済み核燃料に含まれる放射性物質の半減期を短くする技術開発も、非現実的な話ではないという。もっと短い半減期、たとえば数百年の物質に変えることは理論的には可能なのだ。あるいは別の発想の技術として、現在の使用済み核燃料、つまりプルトニウムを含めてすべて原子炉で燃やしてしまって「核のごみ」をほとんど出さないという技術[49]もあり得る。そのような技術開発も実際に研究が行われている。

こうした技術はまだ研究中であり、実際に妥当な経済的範囲で活用できる技術としては、完成までに最低数十年はかかると言われている。しかし、たとえ100年以上の時間と膨大な費用がかかったとしても、数万年の貯蔵に比べればはるかに短い期間での解決になる。それを実現するためには、優秀な人材が数多く参加して競争し、必要な資金が供給される必要があるだろう。原発の推進か反対かに関係なく、すでに使用済み核燃料は発生し、溜まっている。それを処理することは国家的な関心事である。そこに大量の研究開発資源が投入されることには、どういう立場であれ反対する理由はないのではなかろうか。

この放射性廃棄物の処理に関する技術を改善し、人々の安心感を高めるという機会を逸してしまっては、蓄積している使用済み核燃料の対策を遅らせる可能性がある。したがって、現状と変わらない危険な状態のまま保管することになる。また潜在的核保有国と見なされて国際的な非難にも晒され、日本は立ち往生してしまう。いずれ、この厄介な課題を避けて通るこ

48　核変換技術。注9参照。
49　トリウム原子炉。注10参照。

とはできなくなる。繰り返すが、「あれか、これか」ではなく「あれはあれ、これはこれ」の議論、そして行動が不可欠なのだ。

コラム—6
アスベスト被害に対する安全対策

健康被害に対するバランスのとれたリスク感覚という観点からは、アスベストの被害も重要な課題である。なぜか放射線被害に比べて、これは全く無視されている。被災地では、場所によってはアスベストが空気中にかなり舞っていた。いまも半壊ビルなどの解体作業では要注意である。なぜなら、法律で規定されている安全対策が適切に行われないまま、作業が進行している可能性が高いからだ。しかし、放射線に比べて、あまりマスメディアにも取り上げられない。その怖さを十分に報道し、注意喚起すべきではなかろうか。

世界保健機関（WHO）はアスベストに限らず、ロックウール、グラスウールなど、すべての鉱物性微細繊維を吸引すると、がんなどの健康被害があると発表している。なお、アスベストと同じような微細繊維であるカーボンナノチューブも、今後その活用が広がるなかで空中飛散の可能性は広がっている。マウスの実験では、すでに中皮腫を発症している。

アスベストは禁止されたのだから健康被害の問題は終わったと思っている人が多いが、完全禁止はほんの10年ほど前でしかない（図1）。我々はいまでも気が付かないまま、アスベストを吸い込んでいる可能性は高い。これまで使用されたアスベストが約1000万トン日本中に存在している。建築に使われていたアスベストはそのままになっていて、いまだ完全に除去されていない。

とりわけ被災地にある半壊建物の解体工事や汚染瓦礫の処理の際、アスベストは舞っているのだが、放射線と同じで目に見えない。超微細な鉱物繊維だからだ。復旧作業員、自衛隊員、被災地の地方自治体関係者やボランティアが、そのアスベストを吸ってしまった可能性は高い。そ

図1　アスベストの種類とその使用禁止状況

- アスベスト
  - 蛇紋石系
    - クリンタイル（温石綿・白石綿）　$Mg_3Si_2O_5(OH)_4$　— 2006年使用禁止／2012年例外規定廃止
  - 角閃石系
    - アモサイト（茶石綿）　$(FeMg)_2Si_2O_{22}(OH)_2$
    - クロシドライト（青石綿）　$Na_2Fe(\mathrm{II})_3Fe(\mathrm{III})_2Si_3O_{22}(OH)_2$
      - （アモサイト・クロシドライト）1995年使用禁止
    - アンソフィライト（直閃石）　$MgrSi_3O_2(OH)_2$
    - トレモライト（透角閃石）　$Ca_2Mg_5Si_8O_{22}(OH)_2$
    - アクチノライト（緑閃石）　$Ca_2(MgFe)_3Si_8O_{22}(OH)_2$
      - （アンソフィライト・トレモライト・アクチノライト）日本での使用は少ないと考えられていた／調査対象になっていないため使用量は不明／現在は禁止

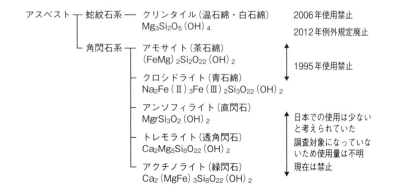

して国や地方自治体による対策は特に強化されることなく、現場の無知が放置されている。

このようなアスベストと放射線との認識の差は、それらの測定のやりやすさの差から来ている面もある。現在はＰＣＭ法という、4時間空気を吸ったフィルターを顕微鏡による目視でアスベスト繊維をカウントする方法が使われているが、手間暇がかかるわりには見つけにくい。アスベストおよび鉱物性繊維の自動検出装置は実際に使われているが、放射線の検出装置より高価であるため普及しておらず、あまり知られてもいない。

地域住民だけでなく、地方自治体の担当者も飛散状況を検出する装置を使う機会もなく無関心のままできてしまった。彼らはその部署に数年いるだけであり、アスベストの危険性に関する専門的知識を身につけていない。結果として、全国の地方自治体の多くが、行政の怠慢とも言える状況にある。しかも、被災地の地方自治体が他地域に比べても関心が低いのは、極めて重要な問題だ。

低線量被曝の影響は数十年後と言われている。それに対して、アスベストの潜伏期間は30年と言われてきたが、阪神・淡路大震災を機にもっと短いことが分かった。阪神・淡路大震災の復旧作業員、市役所職員、ボランティアなどがアスベスト吸引後13年で悪性中皮腫を発症している。悪性中皮腫はアスベストが直接原因の特殊ながんであり、現在、効果的な治療法が見つかっていない。年々死亡者は増加しており、1995年に500人、2005年に911人、2015年には全国で1504人死亡している。今後40年間に、悪性中皮腫だけで約10万人が死亡すると予測されている（図2）。

アメリカやイギリスは、アスベストの建材使用で日本より数十年先行していた。その結果、アメリカではすでに過去15年間で悪性中皮腫死亡者数が4万5000人強に達している。イギリスでは日本のほぼ半分の人口にもかかわらず、すでに毎年、日本の倍の約3000人が死亡している。このまま日本で十分な対策を打たないで推移すると、近い将来、最大の公害事件になることは確実であろう。かつて四大公害病といわれたイタイイタイ病、水俣病、第二水俣病、四日市ぜんそくに比べると、死亡者の数の桁が違うことは関係者の間では周知の事実である。

しかもアメリカはこれまでアスベスト訴訟にすべて敗訴し、約20兆円支払ったと言われており、今後も訴訟は数十年続く。日本でも今後、国

図2　アスベスト輸入量推移、および悪性中皮腫死亡者予測

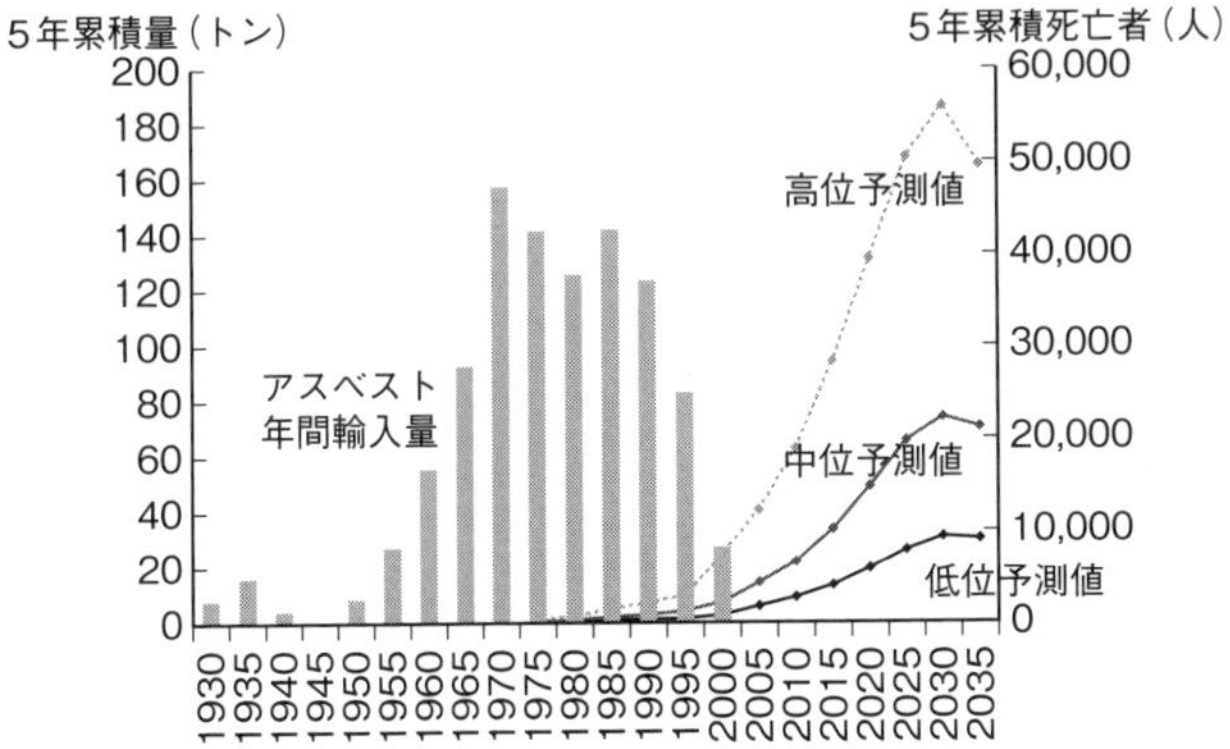

資料：東京工業大学・村山武彦教授。

や地方自治体を相手の行政怠慢訴訟がかなりの件数で起こる可能性は高い。これまでに70件程度の訴訟があるが、原告側のほぼ全面勝訴である。1960年代には発がん原因とされていたのに、2006年に全面禁止するまで適切な対応をしていなかったことが問題だ。収束するまで日本も数兆円の賠償をすることになるだろう。

また、悪性中皮腫だけでなく、アスベストによる肺がん死亡者もかなりの数に上っていると考えられるが、その解明は進んでいない。国際専門家会議では、アスベストによる肺がん死亡者数は悪性中皮腫死亡者の2倍程度と想定しており、年間約5000人としている。なお、日本人のがん死亡統計では、すでに胃がんを押さえて肺がんが第一位である。また、女性の肺がん死亡率は横ばい傾向にあるが、治療の現場の感覚では非喫煙者、特に中年女性の肺がんが増えているということだ。

現在、日本では約7万人が肺がんで死亡しているが、その中にかなりのアスベスト由来の肺がん死亡が含まれているのではなかろうか。アメリカ、イギリスなどの公表データをもとに試算すると、肺がん死亡者の約60%、すなわち4万人以上が当てはまることになる。これこそ医療分野の専門家が追究して、その数字の信頼性と重大性を確かめるべき問題だ。

このようにアスベストによる健康被害の方が、放射線より明らかに規模が大きく、かつその対象が全国に存在する。被災地では瓦礫と半壊建物にアスベストがあることから、その被害が集中的に多いはずだ。にもかかわらず、震災直後の被災地関連予算で除染には約4000億円が計上されたが、アスベスト対策には2億円弱に過ぎなかった。これに関しては当時、民主党内閣の担当大臣であった平野達雄氏に面会しその理由を質したが、アスベスト対策は全体の復興予算に含まれているはずだ、という極めて不明確な回答であった。しかし、被災地の市町村ではそのようではなく、現場ではアスベスト除去予算はないという理解のもと、建物保有者によるアスベスト有無の自己申告という曖昧な基準で、きちんと除去作業をしないまま解体作業が行われた。そうならば、解体作業員はアスベストを吸引した可能性が高い。

ちなみに損害保険の分野では、アスベストは放射線と並んで絶対免責になっている。要するに、両方とも保険ではカバーできないほど危険ということだ。アスベストにそれほど重大な健康被害があるのだが、被災地の健康被害としては放射線と比べて、ほとんど議論されていない。

このことは何より広く知られる必要があるが、専門家も縦割りで、放射線医学とアスベスト医学の両方に精通した人がいないことは問題だ。放射線の影響をいう専門家はいるが、アスベストが引き起こす悪性中皮腫や肺がんの被害を語る専門家は多くない。現在、かなりの数の死亡者が出ているアスベストの方が、実際の健康被害が深刻であることは明確である。

第7章 誰もが議論できるシステムへ

1——官僚機構・専門家・マスメディアの役割

1・1 官僚機構と専門家の発想転換へ

これまで、原発システムをデザインする方法を、具体的なステップとして示してきた。こうした作業を完全に終えてはじめて、どのような法律で下支えする必要があるのか分かるのだ。このように「社会システム」のデザインのステップを踏んで後に法律を作るという順序であるべきなのは、何も原発システムに限った話ではない。かつてのように法律を作れば、自動的に仕組みが出来上がるケースはほとんどなくなっているのが現状だ。あらゆる「社会システム」

が複雑化しているからである。このことは政治家だけでなく、官僚機構にも発想の転換を求めるものだ。

原発システムは、最も複雑な「社会システム」として扱わなければならない。つまり、「技術のロジック」だけに頼った検討に陥らず、「社会の価値観」も十分に考慮するという発想に転換することが必要だ。そうしないと、研究者やエンジニアは自分の専門という狭い範囲での知見に基づいた、ハードウェア中心の「問題の裏返し」による答えを羅列しやすい。「改善」というそのやり方では、以前と同じような事故ならいざ知らず、前例のないものには対応できないだろう。事故は確率の問題であり、それはゼロにできない。しかも「想定外」の状況が発生しないという保証は全くない。したがって、「想定外」を想定するというパラドックスを現実的なアプローチとして追求せざるを得ない。これに関しては、専門家に技術を超えた運営システムにまで目を向けさせる発想の転換が必要なのだ。

3・11事故以降、こうした発想の転換が原発関係者にないままであれば、一体我々は何を学習したのか分からなくなってしまう。しかも相変わらずの縦割り体制で、一部の専門家が中心になって事態が進められているとしたら、さらに深刻である。これまでの慣れ親しんだプロセスでは、我々の多くが原発に対する理解を深めることに繋がらない。その結果、物事をどう捉えて、どう判断すればよいかという「考える枠組み」を国民に示さないまま放置されてしまう。したがって、原発に対する幅広い層の理解を向上させることも困難になってしまうのである。

1・2　マスメディアのサイエンス・リテラシー

今回の事故に関して、マスメディア関係者が真相の究明に努力すべきなのはあらためて言うまでもない。それを厳しく追求するジャーナリズムの精神や、彼らの拠り所である歴史の証人という立場も大事である。ただ、その際に官邸や原子力安全・保安院、原子力委員会、東電本店における個々人の行動の真相究明だけでは不十分である。今後どのように改善したらよいのかを考えるならば、それだけで答えを導き出すことは難しいだろう。必ずしもマスメディアの責任ではないが、そこで「問題の裏返し」の答えを出すだけでは、これまで是としてきた「境界条件」を変えることにまで至らないだけでなく、時間の経過とともに、かえって過去の行動の繰り返しになりかねない。これまで述べてきたように、個々人の行動を超えた「社会システム」という新たな視点から捉えた、原発システムとしての欠陥を解明する方法論が必要なのである。

マスメディアは生き生きとした情報を提供したいがため、ときに情緒的判断による報道に流れがちと言える。そうならないように、論理的判断とのバランスをとる努力が必要だ。まずは時間のなさを理由に焦って事象を単純化することを避け、事実をしっかりとデータに基づいて考える。マスメディアのデータ扱いの粗雑さは時々取り上げられ、問題になるが、それを避けるためには記者のデータ分析能力を訓練し、それを通じた事実を提示する規律を身に着けるべきだ。データの分析は練習によって能力の向上を図れる技能であり、社内研修をやるべきだろう。

また、日本のマスメディアは世界に見られていることに、もっと自覚的であるべきだ。世界の人々の多くは日本に来たことがなく、そのマスメディアという二次情報を通じて動向を見ている。彼らの関心事は、世界に影響を与える問題、たとえば今回の原発に関する問題であり、それに対する日本社会の意思決定であろう。これだけ多様にメディアが発達した時代、国内向け、海外向けという報道のあり方は成り立たない。すべての報道が世界に広く共有される。このような状況を明確に意識し、日本のマスメディアは世界の期待に応える必要がある。

さらにマスメディアが取り組まなければならないテーマとして、サイエンス・リテラシーがある。かつては経験的な「技術」が先行し、それが認知的な「科学」によって証明されるという順序で歴史は動いていたが、現代は「科学」が先行して、そこから「技術」が開発されるようになった。たとえば、原子力は経験則による技術ではなく、素粒子物理学という科学の理論から生まれた（この点については後で詳しく述べる）。こうした時代では、これまでのような素人でもある程度分かる技術的経験則はなくなってしまった。しかも、現代の技術の基礎になる先端科学は、我々にとって非常に分かりにくい。しかも、科学的に無知であると判断を誤る可能性が高くなった。マスメディアは、科学的理解の重要性を一般の人々の関心事にする努力を行うべきではなかろうか。それには、マスメディア自体がサイエンス・リテラシーを習得することが不可欠である。

このようなマスメディアの原発に関するサイエンス・リテラシーに関して言うと、国会事故調の公開委員会における記者の質問は手続き論に終始し、サイエンティフィックな質問はほとんどなかった。結果として、「原発推進か反対か」の果てしない議論に加担していたことにならないだろうか。すなわち、「あれか、これか」単純な対立軸で揺れ動き、それぞれの主張が導くことになる結果の意味合いを十分に考え抜いていない、という状況に陥ったのだ。

まずは、そのような状況から脱却することが必要だ。第5章でサブシステムとして「①市民、行政官、企業人、研究者の幅広い参加による公開討議システム」を提示した。こうした誰もが議論に参加する「場」を設定することが、それを変えるきっかけになるはずだ。そこで展開される議論を理解し、しっかりと報道することを通じて、マスメディアのサイエンス・リテラシーもいっそう向上するのではなかろうか。

2――トランスサイエンスという領域

2・1　原発システムの境界条件

日本が原発の導入を始めた当初、技術的に未経験であったので、アメリカのゼネラル・エレクトリック社の設計をそのままターンキー契約方式[50]として受け入れていた。その最初が福島第一原発の一号炉であった（1971年に運転開始）。ということは、この原発設計の「境界条件」は、アメリカで決められたわけである。本来、この境界条件の決め方には、運営する側の思想が関わってくる。ゼロ・リスクはあり得ないわけだから、どのような事故を想定するか。「いかなる場合も人命を守る」という観点からどう対処するか。そして、その効用と評価を受け入れられるか。これらが重要な側面になるはずだった。しかし、それを十分に吟味する視点とプロセスが欠落していたと言える。

いずれにせよ、境界条件を決めるにあたっては、科学者やエンジニアだけに任せておくわけにはいかず、それ以外の人々が関わる必要がある。それは、専門性の高いものはすべて専門家に任せておくべきという発想からの転換である。ここで行われるような議論は、「トランスサイエンス」と呼ばれる領域のものだ。

「トランスサイエンス」という概念は、「科学が質問を発することはできるが、科学のみでは答えることのできない領域」を指している（図6-1）。1972年にアメリカの原子力物理学者アルヴィン・ワインバーグが唱えたものだ。このトランスサイエンスの議論では、次のような要素が欠かせないと筆者は考えている。まず、縦割り体制における限られた専門家だけでなく、多様な専門家と素人である市民が参加していることだ。次に、その目的が賛成か反対かの意見を述べるだけではなく、現実的な解決策を導き出す点にあることだ。そして市民が傍観者ではなく、自分たちの置かれた状況をマネジメントする作業に関わることである。サブシステムの「①市民、行政官、企業人、研究者の幅広い参加による公開討議システム」は、まさにトランスサイエンスの領域を議論するためのものと言える。

ちなみに、ワインバーグは1940年代後半からオークリッジ国立研究所で、ウランと違って、プルトニウムが生成されないため核兵器開発には結びつかないトリウム原子炉の技術を開発していた。一方、アメリカがプルトニウムを作り出すウラン原子炉を採用したのは、ソ連との核兵器開発競争の影響が大きいと言われている。トランスサイエンスの議論のプロセスを組み立てることができれば、研究者やエンジニアだけでなく、行政官、企業人、そして市民一

50 発電施設の海外受注において、プラントの設計から建設に関わるすべての役割を担い、完全に稼動可能な状態で引渡しを行う受注形態。

図 6-1　トランスサイエンスの領域

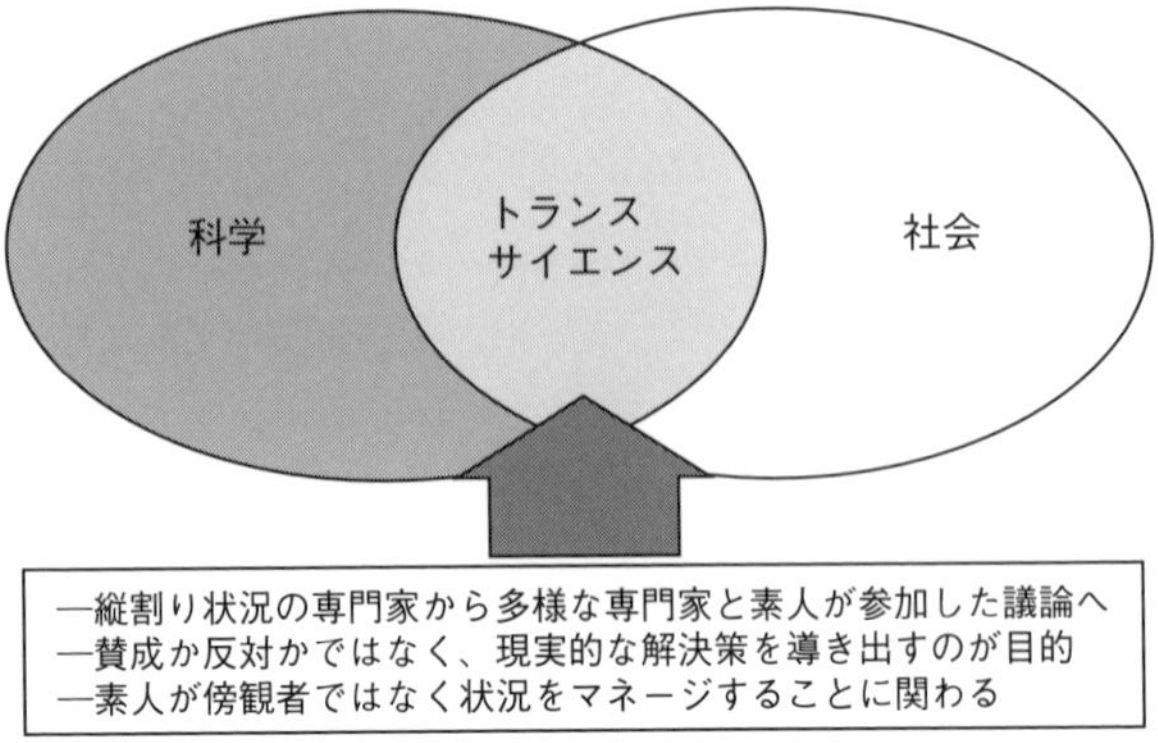
科学
トランス
サイエンス
社会
―縦割り状況の専門家から多様な専門家と素人が参加した議論へ
―賛成か反対かではなく、現実的な解決策を導き出すのが目的
―素人が傍観者ではなく状況をマネージすることに関わる

人ひとりが、自分も当事者として捉えられるようになるだろう。まさにこのような展開が、文化、歴史、風土の影響を受けながら出来上がる「社会の価値観」を含んだ「社会システム」のテーマであった。そこにこそ、「社会システム」としての原発システムが日本独自にデザインされる可能性もあり得るのだ。

2・2　科学と技術の関係史

このようなトランスサイエンスの発想が出てきたのはなぜか。それは科学と技術の関係の歴史的展開と関わっている。まず技術とは経験的なものであり続けた。たとえば、古くは人類が定住して農耕生活を営み始めると、畑を耕す鍬《くわ》や鋤《すき》の改良や輪作の採用のように、農業技術は試行錯誤をしながら経験的に改良されていった。また、アフリカのナイル川沿いの人々は一定のサイクルで氾濫が起きることに気がついて、このような経験から、農業を支える天候の予測や星の運行を読む技術が発達してきた。フィレンツェの「花のサンタマリア寺院」のブルネレスキによる有名なドームは、構造力学に基づいたというより、過去の失敗からの学習で改良した技術によるものであった。

一方、科学は仮説を証明し、事実を法則として認知することで展開していった。「知る前と知った後では大違い」ということである。ナイル川の氾濫を予測するために、暦学や天文学が発展していったことは容易に想像できる。すなわち、理屈が分からないまま経験的な技術が先行し、それが法則として実証的に認知されて、科学として発達していくという順序であった。また、ガリレオ・ガリレイはオランダのレンズ職人が理屈は分からないまま偶然に発明した望遠鏡を自分で作り、木星の衛星を見つけることで、それは木星の周りを回っているのであり、決して地球の周りを回っているのではないと知った。そして、天動説を否定する根拠になった。あるいは、日本刀の刀鍛冶は熱した鉄を叩き続けることで炭素を追い出し、最適な炭素含有量の鋼に経験的に到達する。しかし、いまでは炭素含有量を計測でき、鋼の硬度を科学的に決めることができる。このように経験的な性格の技術が先行し、それを科学が証明することが、従来の一般的な流れであった。

だが、20世紀にその状況は一変する。科学と技術の関係が逆転したのである。その主要なものが3つあり、それがいまの時代の形成に大きく影響している。共通して言えるのは、科学が理論に基づいた法則を発見し、そこから技術が開発されるという点である。

まず、20世紀初頭に登場した量子力学と素粒子物理学は、我々の日常生活の感覚とはかけ離れた世界を展開していった。そしてアインシュタインによる特殊相対性理論は$E=mc^2$(エネルギー＝質量×光速度の2乗)、すなわち物質とエネルギーとの互換性が表され、そこから発生するエネルギーの膨大さがその帰結として示された。それが核分裂の理論とともに原子力技術の展開を促し、原爆や原発の開発へとつながっていったのである。

2つ目として、20世紀半ばに、生物は遺伝子によってコントロールされていることが分かった。遺伝子とはDNAの二重らせんに4つの塩基で記録された情報であることが、クリックとワトソンによって発見されたのだ。その発見がバイオテクノロジーの発展につながり、遺伝子組み換えの技術を可能にした。それによって、体内にごく少量しかないインターフェロン[51]などの生理活性物質の大量生産ができるようになってきた。さらにゲノムを解読する技術が発達を続け、バイオ医薬、遺伝子病治療を生み出している。

3つ目は、コンピューター・サイエンスである。当然ながら、コンピューターも経験的な技術が先行したのではない。まずアラン・チューリング、クロード・シャノン、ジョン・フォン・ノイマンらによって情報理論と演算理論の基礎が築かれた。最初は信頼性の低い真空管が使われていたが、その後、物性科学、特に半導体の理論によりソリッドステート（固体状態）の安定性の高い演算素子が出現し、その集積度を高める技術開発が続行した。これらが組み合わさって、現代の情報システム技術へと展開している。

このように人類の長い歴史の中で、20世紀に科学と技術の関係が逆転したことのインパクトは極めて大きい。一般の人々の経験則というものが全く効かない分野として出現し、しか

51 生体内で病原体（特にウイルス）や腫瘍細胞などの異物の侵入に反応して細胞が分泌する蛋白質のこと。ウイルス増殖の阻止や細胞増殖の抑制、免疫系および炎症の調節などの働きをする。

もそれが世の中を大きく変え始めているという事実もある。

一般の人々が経験的に分からない例として、遺伝子組み換えの技術を考えてみよう。一般的な植物の交配による農作物の改良に関して、そのプロセスを我々はある程度分かったうえで、恩恵を受け入れている。他方、遺伝子組み換え作物（Genetically Modified Organism：GMO）は利用されるようになったが、それでも抵抗を感じる人は少なくない。その理由はさまざまであろうが、植物の交配という経験則とは違って、遺伝子情報を操作するというプロセスが不自然であり、どこか気味が悪いという感覚が根底にあるからではなかろうか。つまり、人々にとって理解しにくい科学から、日常生活に関わる技術に直接つながっていく流れが不安を掻き立てるのだと思われる。

同じような事例が身の回りにたくさんあるのが、現代という時代である。一般の人々でも経験的に分かる、という分野は極めて少なくなった。しかも生半可な知識で判断すると、かえって事態を混乱させるだろう。したがって、多くの人々は専門家に任せておけばよいという結論になってしまう。

ちなみに、遺伝子組み換え作物に対する否定的な感情も、その大きな理由は、経験則が効かない技術を使って作られた、「自然でない」ものを口に入れるというところにあるのだろう。けれども、糖尿病の治療に使われるヒトインシュリンや、血栓溶融剤であるt‐PAは遺伝子組み換えで作られており、前者は大腸菌、後者はネズミの一種であるチャイニーズ・ハムスターの染色体が使われている。しかし、投与される患者はあまり気にしていないようである。命に関わるから背に腹は代えられないとしても、食物はいけないが、薬はよいという線引きに、それほど説得力があるとは思えない。

要するに、20世紀に新しく出現した科学、そこから派生した技術に関して、その効能や影響をどう判断したらよいのか、一般の人々はよく分からないのである。そして、そのような判断に苦しむほどの難しい例が、まさに原発なのである。食物や薬は個々人の判断で受け入れ、また拒否できて、そのために他人に迷惑をかけることもない。しかし、原発は個人だけの問題ではなく、いったん事が起これば多くの人々が影響を受けるのである。その意味で「社会の価値観」がとても重要になる。しかも「技術のロジック」と「社会の価値観」の関わり方の複雑度が最も高いのが（図1-2参照）、原発システムなのである。

この原発というテーマへの対応では、「技術のロジック」と「社会の価値観」の一方の側からのみ主張する人たちがいて、お互いの意見がかみ合わない状況が続いている。そして、とやかく言っても始まらないから専門家に任せればいい、という大勢がいる。しかし、それではいつまでたっても膠着状態から脱しえない。だからこそ、トランスサイエンスの発想をもとにして、立場の違ういろいろな人たちが議論を率直に戦わせ、当事者意識を段々と醸成していく場を作り出さないといけないのである。

おわりに

抽象論と観念論

筆者は1942年9月に広島市で生まれた。自宅は原爆の爆心地から3キロメートル程度のところにあった。たまたま、筆者は少し離れた祖父母の家にいたが、母と弟はその家で被曝した。これまで実際に使ったことはないが、「特別被爆者健康手帳」と言われるものを持っている。すべての医療費が無料である。原爆投下2か月前の1945年6月生まれの弟は「原爆症」という名前の病気で、中学から高校にかけて広島赤十字・原爆病院に入院していた。母親は原爆の後遺症に苦しみ、親類縁者には亡くなった者もあり、そのほか筆者の周りにもつらい話は多かった。そのような実体験があるため、放射線被爆の影響を軽んじてはいない。今回の福島第一原発事故による放射線の被害に関しても、事態を甘く見ているつもりはない。

一方、75年間は広島に草木も生えないと言われていたが、翌春にはかなり焼けただれていた楠も含めて、残っていた木々も芽を吹き、いつもの新緑になったことを憶えている。当時は3歳弱であったから分からなかったが、その後、偉い人たちはいったい何を根拠にあんなことを言っていたのだろうと、子どもながらも違和感を持ったものである。

3・11事故後も、有識者と呼ばれる影響力のある人たちの発言の中には、違和感を持つこともあった。たとえば、統計学の方法や基本作法を無視した、厳密な分析に基づいたとは言えない発言があり、また一見もっともらしいが、原子力分野に関しては実は素人でしかない「有識者」の思い込みによる発言があると感じられたからだ。

いずれの場合も事実に基づかず、頭の中で組み立てた観念論ではないかと思われる。観念論というのは抽象論とは全く異なる。抽象論は連立方程式を解くときのように、抽象概念の論理操作を経たものだ。したがって、その論理に関して議論が成り立つ。他方で、観念論は抽象概念の論理操作という規律を持たないで、すぐに結論に飛んでしまうものだ。論理について議論できないから、それを検証することもできない。議論してもお互いに認め合う基盤がないから、むなしい結果になりがちだ。しかも、インターネットという匿名のメディアを通じたバッシングがされるようになった。そのことが分かり、本来、発言すべき多くの人たちが口をつぐんでしまった。

強調したいことは、放射線被曝に関して過剰反応も過小反応もせず、科学的事実に基づいて、冷静な議論に努めなければならないということである。そのためには、すでに述べたように、専門家だけでなく、マスメディア、市民もサイエンス・リテラシーを向上させていく必要があるのだろう。たとえば、放射線は放射性物質から出るのであり、それがないところには放射線はないし、ばい菌ではないから人から人に移ることもない。また、汚染した木々を燃やすなど熱処理などで「滅菌」ということもできない。この程度のことは誰でも知っているかと思っていたが、案外そうでもない。

科学・技術を支える精神

国会事故調の報告書にあるように、今回の事故は明らかに「人災」である。しかし、それは原発に関わってきた政府、東電、その他の組織に属していた個々人の責任を単に問うものではない。言うならば、それは原発システムの不備という観点からの人災なのである。その観点から、これまでの原発システム・デザインの欠如、そして新たなデザインの方法に関して説明をしてきた。最後に、これがどういう意味であるかを突き詰めて考えてみたい。

あるフランス人の知人から「日本人には哲学がないから原発は向かない」と言われたことがある。日本には、長い時間を積み重ねた日本的な思考はある。それに対して、「哲学（philosophy）」という西洋の概念を使うべきかどうかは別の問題である。しかし福島第一原発事故をめぐって、彼らの目からそのように見える背景は存在する。しかも、これに似た指摘は、いまに始まったことではない。１００年以上も前、明治時代に日本で長年生活し、その医学界の発展に貢献したベルツ博士は東京大学を退職する際の在職25周年記念祝賀会で次のように言っている。

日本人は西欧の学問の成り立ちと本質について大いに誤解しているように思える。日本人は学問を年間に一定量の仕事をこなし、簡単に他所へ運んで稼動させることのできる機械の様に考えている。しかし、それはまちがいである。ヨーロッパの学問世界は機械ではなく、ひとつの有機体であり、あらゆる有機体と同じく花を咲かせるためには一定の気候、一定の風土を必要とするのだ。[52]

彼が言うには、「西欧の学問」は機械のように簡単に移し替えられるものでなく、それを自らが吸収して発展させるまでには一定の期間と環境を要するということである。すなわち、まず自然哲学が古代ギリシアに始まり、それがイスラム世界の実証主義的アプローチの蓄積を経て、12世紀に西ヨーロッパに伝播し、その後キリスト教との葛藤を通じて展開してきたという文化風土がある。その土壌から木が成長するように、コペルニクス、ケプラー、ガリレオ、ニュートン、ファラデー、マクスウェル、ボーア、アインシュタインなどの系譜に連なる多様な科学・技術が生まれてきた。けれども、日本人はそのような学問の成り立ちを理解していないというのであろう。そして彼は次のようにも言っている。

日本人は彼ら［お雇い外国人］を学問の果実の切り売り人として扱ったが、彼らは学問の樹を育てる庭師としての使命感に燃えていたのだ。［…］つまり、［日本人は］根本にある精神を究めるかわりに、最新の成果さえ受け取れば十分と考えたわけである。

ここでいう「根本にある精神」こそが、あるフランス人の言った「哲学」と重なる（また本書の「はじめに」で述べてきた普遍的思想とも一致する）。科学の背景にある長い歴史を背負って展開をしてきた「精神」を、日本人は重視してこなかったということだろう。

そもそも、「科学」という訳語自体がそれを示している。古代ギリシアを源流とする自然哲学が18世紀末から多様な分野に展開し始めた結果、それを1つの総体ではなく、また哲学ではない実証的なサイエンスとしていろいろな科に分けて考えるという時代になったとき、日本人は西洋の「サイエンス」に出会った。本来の始まりである哲学とは関係なく、科に分かれた学問と即物的に理解し、その訳語を決めたのである。もっと本質に近い「理学」と訳す案もあったようだ。それは多くの大学の「理学部」という名称にだけ残り、そのなかにいろ

52　トク・ベルツ『ベルツの日記』上・下（岩波文庫、１９７９年）。ベルツについての引用はすべて同じ。

いろな科学の科が並んでいるのである。

もちろん日本の科学・技術のすべてが、そうであるとは言えない。明治以降、「有機体」のように展開した分野もあるはずだ。たとえば、第一回文部省留学生であった古市公威がフランスの土木工学を日本に導入したが、それ以前に自然災害の多い日本では、長い間に培った独自の治水の技術的経験があり、そこに日本の気候や風土から生まれた「精神・思想」も存在していた。そして両者の融合によって、日本人はこれまで水害をうまくコントロールしてきたと言える。

とはいえ、やはり多くの場合、日本発ではない新しい科学・技術を受け入れる際は、なぜかベルツ博士が指摘した問題を繰り返しているようだ。そして、その近年の例が原発だったのではないか。原発システムを単なる「機械」、つまり「エンジニアリング・システム」として捉えている限りは、いっこうに事態は変わらないだろう。しかし、原発システムを「社会システム」として捉えることができれば、社会の価値観、すなわち日本社会の精神と思想を組み込んだ有機体的なものになるのであると筆者は信じている。

リスボン大震災との共通点

そこで思い出されるのは、１７５５年のリスボン大震災である。約６万人が死亡したが、そのうち1万人以上が津波による溺死であったと言われている。死亡者の数では東日本大震災に匹敵するか、それ以上の災害である。当時、建物の耐震構造という概念はなかった。レンガや石を積み上げただけの補強のない組積造では地震に弱かった。巨大地震など想定外だったリスボンの街は崩壊した。

しかも、たまたま万聖節というカトリックの諸聖人を祭る日であった。当時のポルトガルは極めて敬虔なカトリックの国である。なぜ神はこうも無慈悲なのか、という疑問が湧いたのは当然であった。神学では説明ができない事実に直面したのである。この頃のヨーロッパは啓蒙主義の時代であった。「神は創造者であるが、人格的存在とは認めない」という理神論などが語られ、人間本来の理性を重視した、ある意味で人間の運命に対する楽観論が存在した。しかし、それも打ち砕かれてしまうほどの大事件であった。当時の哲学者ヴォルテールやカントらにも大きな影響を与えている。他方で、「神による罰だ」と主張したイエズス会は、ポルトガルから追い出されることになった。本当にそうであれば、人間にはなす術がないことになる。当時の人々からは、受け入れられなかったのであろう。

幸いなことに、この状況から立ち直るための強力なリーダーがポルトガルに存在した。後にポンバル侯爵になった、宰相セバスティアン・デ・カルヴァーリョである。疫病を避けるために葬式を禁止した迅速な遺体処理や、治安維持のための盗賊の公開処刑など、震災直後の時間との戦いになる初期対応も優れていたが、何よりも目を引くのは復興のやり方である。たとえば、これまでの曲がりくねった中世的な道路網を止めて、碁盤目状に構成された幅広い通りに変えている。これによって、緊急時の馬車による救助隊の速やかな移動を実現し、大災害時の対応をしやすくしたわけである。同時に、これまで誰も考えなかった手法で、建築の再建にとりかかる。つまり、リスボン市街の建造物を耐震構造に変えたのである。従来の組積造を鳥かごのような木造の枠組みで補強したもので、後にポンバル建築様式と呼ばれるようになる。

これらの対策は、「問題の裏返し」的な改善ではない。これまで常識であった中世的な戦争に対する防備の都市ではなく、自然災害に備える「防災都市」という画期的な概念を作り出したのである。これは単なるエンジニアリング的な発想を超えて、新たな精神と思想を根本にした取り組みだった。その後、1世紀以上も前に大火を経験していたロンドンの都市改造につながり、19世紀初頭にはセーヌ県知事ジョルジュ・オスマンによるパリの大改造に連なったと言われている。ちなみに現在、花の都とたたえられるパリのフレンチ・バロック様式の街路網と建物もその成果である。

このように見てくると、福島第一原発事故（これに東日本大震災を加えてもいい）によって置かれた状況、それらが突きつけた課題には、リスボン大震災の場合と共通点が少なくない。にもかかわらず、その違いは、当時またそれ以後も、カルヴァーリョのような発想力と行動力を持った強靭なリーダーが出現していないことであろうか。いまからでも遅くはない。そのような人物が一刻も早く出てくることを期待したい。そして原発システムをデザインすることで、単なる「問題の裏返し」ではなく、新しい精神と世界にも普遍的な思想となるような画期的な諸施策が打ち出されるならば、亡きベルツ博士もやっと納得されるだろう。

あとがきに代えて——新しい「常識」

この本の主題は「社会システム・デザイン」、すなわち、社会システムは、経済学者や社会学者が理解していることとは違って、実は、具体的にデザインできるのだということを示すことにあった。そして、このデザイン方法論を活用し、その妥当性を検証すべき重要なテーマとして、現在、議論が膠着状態にあると考えている「原発システム・デザイン」を取り上げた。ここでその背景にある筆者の関心事を述べておきたい。

この原稿は4年近く前にほぼできていたのだが、その後、諸々の理由から出版に至るまで時間がかかった。その間、筆者の考えも段々と練り上げられ、「醗酵」していくプロセスを経験した。かつて訓練を受けた建築のデザインと同じ思考プロセスであった。その時間の経過は、ある程度、世間に原発に対する考えを問うタイミングを失してしまったかもしれない。しかし、皮肉を込めて言えば、幸か不幸か、原発が「社会システム」として抱えている課題は3・11事故以降8年近い時間が経った今でもほとんど解決していないままになっているのではないだろうか。

原稿完成から出版まで時間のかかった理由の1つは思考の作法の問題による部分もある。それは、本書の中で何度も述べた「あれか、これか」ではなく、「あれはあれ、これはこれ」、「問題の裏返しを答えにしない」、「一般論、平均ではなく場合分けをし、具体的に語る」、そして、「常套句、お題目で思考停止をしない」という思考の作法、あるいは規律である。原発システムのような複雑なシステムに関する議論だけでなく、多くの困難なテーマの議論を不毛なものにしないために必要な規律だ。しかし、それら作法以前のもっと基本的なレベルで新しい「常識」を我々は身につけないといけないのではないかという思いが強くなってきている。

「読み・書き・算盤（算数）なしには世間を渡れない」と江戸の昔から言われていた。その時代において、まともな生活を送るための「常識」であったと思う。その結果であろうか、当時、日本人の識字率は世界でも圧倒的に高かったようだ。では、現代ではどうであろうか。より複雑で判断の難しい今の世間を賢く渡っていくには、この「常識」だけでは十分ではないことに異論はないであろう。新しい「常識」が必要なのである。そのような「常識」は何であろうか。それを私なりに定義してみたい。

続々とこれまでの常識を壊してしまうような新しいことが起こり始めている時代に我々は直面している。それらに関する情報と知識を得ることは当然大事であるが、それと同じくらい大事なことは、めまぐるしく展開する状況がもたらす表面的現象に振り回されることなく、その裏にある本質的課題を見極めることだ。そのためには賢く判断する能力、もっと端的に言えば、新しい思考方法を身に着けることではないだろうか。それをここで新しい「常識」と呼ぶことにする。しかし、それは「教養」とは違う。「教養」であれば、十分身に着けていることは大変望ましいが、少し欠けていても日常生活の判断に困ることはない。しかし、「常識」はそれがないと「世間を渡れない」。そういう意味で必要不可欠なのである。その必要不可欠な新しい「常識」とはつまるところ、システム、デザイン、マネジメントの3つであると考えている。

すべて英語である。歴史的に英語が多くの語彙を借りてきたフランス語にはデザインとマネジメントという語彙はない。マネジメントはともかく、デザインという語彙がないのはフランスらしくないと誰もが思うだろうが、実際、ないのである。したがって、フランス人も英語を使っている。幸い、すべてに日本語訳は存在するが、その意味合いは微妙に異なるのでここでは英語を使うことにする。実は、この3つの新しい「常識」は古い3つの「常識」の発展形なのである。

「読む」とはLiteracy（識字力）のことであるが、今は文字だけにとどまらないLiteracyが必要だ。その中で重要な能力がシステム的に理解する、すなわち、System Literacyである。「書く」とは言葉による統合、すなわち、Integration with wordsであるが、今では言葉以外に多様な、メディアの「語彙」が活用できるようになってきている。したがって、Integration with multimediaができないといけない。それがデザインという統合能力である。そして、算盤とは計算すること、すなわち、Calculationのことだが、それは定量化して状況を的確に理解することで、その発展形はJudgement and actions by dynamic and continuous quantification、すなわち、時系列的に定量化し、状況の理解を修正しながら的確な行動をすることであり、それがマネジメントである。このように新しい「常識」は古い「常識」を否定するのではなく、逆にそれを包含しながらより高度な能力を時代は要求している。たまたま、読み・書き・算盤に対応するため、システム、デザイン、マネジメントという順で書いたが、別にその順序である必要はない。この3つはどこからスタートしてもいい、トライアングルの関係にある。

古い3つの「常識」も訓練を通じて覚えるスキルであるが、新しい3つの「常識」も同様に十分な訓練が必要である。重要なことはそれぞれが個別の能力であることだ。字が読めるからと言って、文章を書くことはできないし、当然、算盤もできない。「読み・書き・算盤」がそれぞれ独立の体系を持っているのであり、別々に練習して身に着けないといけない。同じように、システム、デザイン、マネジメントもそれぞれ独立の体系を持っているのであり、それぞれ訓練が必要だ。その意味では、いくつかの大学が取り組んでいるSDM（System Design and Management）とは異なった発想である。

3つの「高度スキル」は独立しながらお互いに連携

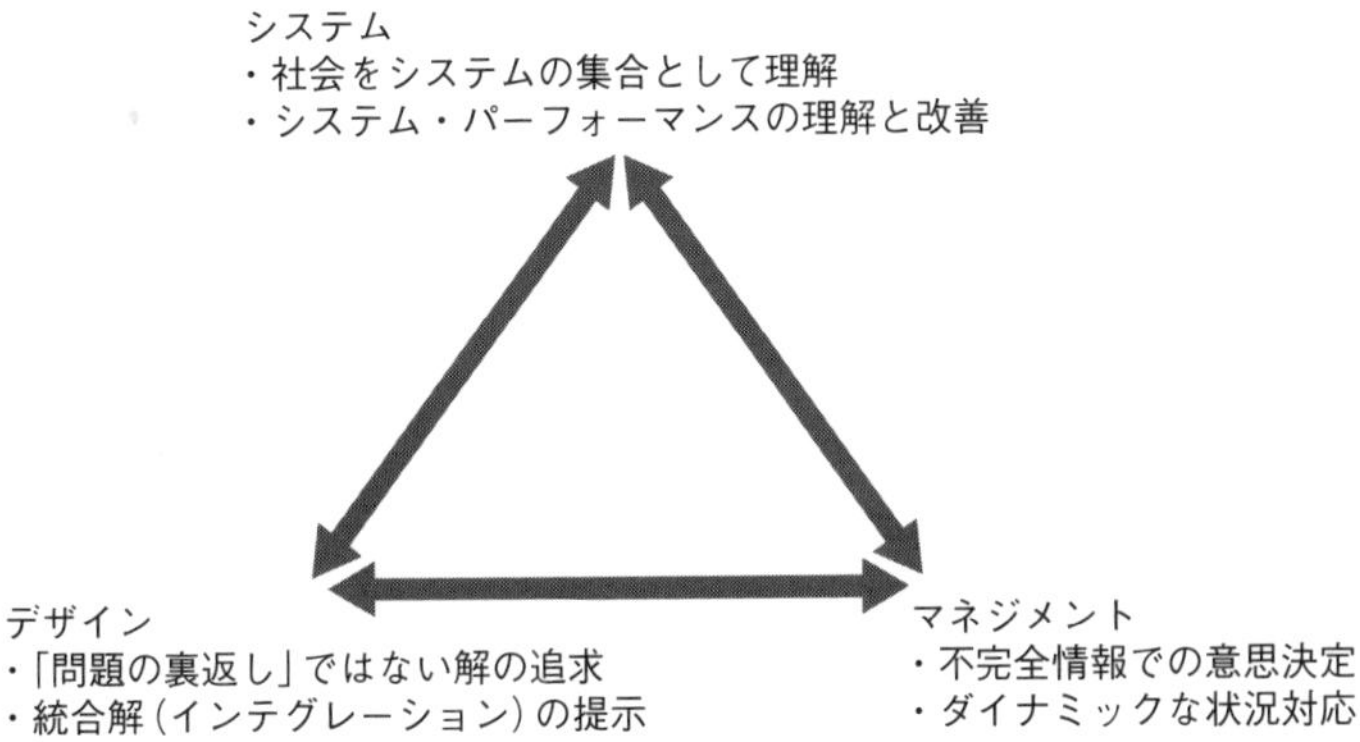

この3つを聞いたことがない、あるいは知らない人はあまりいない。しかし、言葉として「わかっている」だけでは役に立たないことが最大のポイントである。「学問」は多くの場合、頭脳活動であり、文献や講義である程度理解することが可能であろうが、新しい「常識」は高度スキルであり、頭で理解するだけではなく、かなり長期の訓練を通じて体で覚えないといけない。言い換えれば、「身体知」なのである。歌を唄う、楽器を演奏する、ダンスを踊る、あるいは、野球やテニスなどのスポーツをやる、これらをうまくこなすためには頭で理解するだけでは不十分であり、体で覚えないといけないことは誰でも知っている。それを「身体知」と呼ぶ。実はシステム、デザイン、マネジメントもそういう習得の仕方であり、基本は同じなのである。頭でそれぞれの分野の専門的「知識」を学習し、何度も「技能」の訓練をして体が自然に反応するまで叩き込み、そして、総合的判断に欠かせない「知恵」を多くの経験を通じて身に着けるという、知識、技能、知恵の3つをすべてこなさないといけない手間のかかる訓練作業が必要なのだ。

まずシステムについて考えてみる。システムとは世の中を動かしている仕組みである。自然界のシステムと人工的なシステムの両方が存在する。例えば、天気、気候、四季などの変化は自然界のシステムである。自然界の一部である人間という生命体もいくつかのシステムの統合である。消化と栄養の補給、血液とリンパの循環、免疫による外敵からの防御、病気の治癒・回復、そして、ホメオスタシスなどがそうである。20世紀半ばにおけるDNAの二重らせんとしての遺伝子の解明は生命の持つシステムとしての精妙さに学者だけでなく、多くの人々が感動した。それと同時に、生命をシステムとして理解することの重要さを示したのである。老化、脳の機能、特に意識のメカニズムなど、生命システムにはまだまだ解明されていないことが多い。

このように世界にはたくさんのシステムが存在する。システムにはダイナミック・システムとスタティック・システムとの2種類がある。我々生命体を含めて自然界のシステムの大半はダイナミック・システムである。ダイナミック・システムとは時間軸を組み込んだもの、言い換えれば、過去に影響を受けるシステムである。そうでなく、時間に影響されないシステムはスタティック・システムである。多くのコンピューター・システムは昨日・今日・明日の時間変化に関係なく同じことを確実に実行できるという意味でスタティック・システムである。筆者のかつての専門分野であった建築も、オフィス・ビルなどは構造、設備を含めた複合システムであるが、昨日と今日とに違いがないという意味ではスタティック・システムである。それに対して、本書で扱った「社会システム」は人間という有機体集合である疑似有機体であるからダイナミック・システムである。

現象の裏にある、それを動かしている仕組み、すなわち、システムを理解しないと深く分かったことにならない。例えば、世界の各地で起こる事故やテロなどの被害者に日本人が含まれていないとマスコミがニュースを流すのは、日本人の自己中心的性格の表れではなく、危機管理システムの視点から必要なのである。日本人の被害有無、そして、被害者があったらすぐに氏名を発表するのは、外務省などに大量に無駄な電話かかってくるなどの危機管理システムの負荷を減らすために必要なのだ。このように、社会全般に見られる表面的事象の裏にはそれ支えるシステムが存在するということである。

現代社会が直面する諸々の表面的現象に気が付くだけであれば、ここでいう新しい「常識」の訓練はいらない。最近のネット・メディアには表面的現象を見て解釈しただけの、鮮度はいいが、内容の薄い文章が氾濫している。そのような現象の背景に必ず存在するシステムの重要さに気が付いている文章にお目にかかることは極めて少ない。多分、システムを解明することを通じて思考を深めるという知的作業が欠落しているのであろう。例えば、我々から税を徴収しているのが徴税システムである。それを支えているのはコンピューター・システムのみではない。課税妥当額の査定、税務相談への対応、滞納の取り立て等の人に依存する部分も大きい。そのシステムを稼働させるには多大なコストがかかっている。ちなみに、平成29年度の国税庁の予算は約7000億円である。

消費税増税に関して軽減税制導入の議論があるが、徴税システムへの負担の観点からは、どの商品を軽減税制の対象とするかを細かく決めるよりも、一定の低所得者に年間の食品購入費の消費税増税分に当たる金額を一律支払うほうが、日本の重要課題である格差に対する直接的な対策になるだけでなく、明らかにシステム変更のコストは安いのだが、そういう議論はあまりされないのは政治家に対するシステム的思考の訓練が十分でないせいであろう。

徴税だけでなく社会のいろいろな分野、日常生活を支えている電力、交通、上下水道、教育、警察、裁判、失業対策、そして高齢化社会の経営に重要な医療・介護や年金等、すべてをシステムが支えている。我々はシステムに囲まれ、支えられて生活しているのである。それをまず理解し、システムの効果やその抱えている限界、時代の変化に対する対応、維持コストなどの視点から思考を展開する技能の訓練が必要なのだ。

最近、なぜかデザインに関する議論が目に付くようになった。しかし、その理解は十分ではないように思う。特に、高度スキルを身に着けるためには時間がかかる訓練が必要であるとの視点が見落とされるきらいがある。デザインは法律とは違って規範的ではない。言い換えれば、「これが正しい」というものが存在しない。すべて経験則である。そのような状況において、依頼者、あるいは利用者が妥当と思うだけでなく、社会的にも受け入れられ、品格も損なわない解を一定の期限内に見つけるという規律を要求する作業である。長期の技能訓練が必要だ。

「デザイン・シンキング」という表現がよく使われるが、誤解されやすい表現だ。一部の人たちが主張するように、ステップを着実に踏んだらデザインができるというものではない。

たとえステップを踏むとしても、前のステップに戻ったり、最初のステップからやり直しをしたりと、何度も行ったり来たりしながら練り上げていくプロセスだ。今でいうサクサク感など全くない、ある意味、きわめて単調な作業であり、かっこいいものではない。訓練と経験を駆使し、そして、常に着地点が見えない不安にさいなまれながら、新しい発想、望むくはひらめきと納得感を求めて、仮説設定と検証を時間のある限り何度も繰り返すということをしつこく続けるのが唯一のデザインの方法論だ。当然、「未来永劫これで決まりだ」という解は存在しない。何年か後にはより良い、より妥当な解の可能性が出てくるのが普通だ。

出現してほんの10年しか経っていないスマートフォンの展開を考えていただくとわかりやすい。時間とともに利用者は最初の新鮮な驚きを失い、今のものは当たり前としてより優れたデザイン「解」を要求し始める。常に出現する新しい技術が新しい可能性の次元（ディメンション）を付け加えていく。それによって「解の存在する空間（ソリューションスペース）」が拡大し、発見した新しいデザイン「解」を提供することが可能になる。それだけでなく、時間とともに新しい社会の視点が出現し、価値観も変化していく。個人のプライバシー保護や環境への悪影響の排除などがその典型的な例である。多くの解が淘汰され社会が直面する課題解決につながるデザイン「解」が残っていく。そのようなダイナミックな活動がイノベーションを刺激し、そのイノベーションを受け入れるだけの経済的につじつまの合う市場が形成される。その経験が今まで気が付かなかった課題の発見につながり、新しいデザイン・スペックが要求され、それに答えるべき新しい仮説としてのデザインが出現するということが永遠に続くのである。

同じく「デザイン・マネジメント」という表現も適切ではない。自分の目指すものや好みを時間の束縛もなく、自由に追求する芸術とは違って常に依頼者がいる。彼らはデザイン要件を提示する。期限以内にその期待に沿うためにすべての作業を集中するのであり、マネジメントのないデザインはありえない。くどい表現である。そういう表現が使われてしまうのは、デザインという「身体知」の訓練を十分受けていない人たちが実感なしに頭でデザインを理解し、語ろうとするからではないかと疑いたくなる。

「デザイン・シンキング」、「デザイン・マネジメント」などの表現は元々アメリカのインダストリアル・デザイン事務所であるＩＤＥＯが主張し始めた考え方であり、どちらかというと議論の視点がプロダクト・デザイン、すなわち、ハードウェアに偏っている。今や、触れなくて目に見えないソフトウェア、特にオペレーティング・システム・ソフトウェアのデザインにもっと注目すべきだ。先に述べたスマートフォンの例でも分かるように、最初はハードウェアの機能とデザインが中心であったが、最近は、それを活用するシステムの広がり、つまり、エコシステム（筆者の好みの表現ではないのだが）のデザインが重要になってきている。

マネジメントは比較的みんなが口にする言葉であるが、必ずしも正しく理解されていない。例えば、経営学（マネジメント・サイエンス）とマネジメントとは異なる。前者は学問であるが、後者は高度スキルである。経営学に精通したからといって具体的な企業などの組織のマネジメントができる必要十分条件にはならないことは意外に見落とされている。経営学は学問だからデータ・ポイントが2つ以上ないと、将来の方向を含めて客観性と説得力のある議論は展開できない。したがって、常に過去の現象を扱うことになる。1980年代の後半から日本が経験したバブルの崩壊後、経済学や経営学の学者による百冊以上のバブル分析の本が出版された。もう少し早く出してくれれば役に立ったのにと誰もが思ったであろうが、それは無理なのである。

マネジメントの当事者はデータ・ポイントが1つしかない状況に常に直面する。そのような状況において、ミクロ経済学や組織論、心理学、行動科学などの学問がカバーするような多様な分野の学習と経験を通じて身に着けた「知見」とを組み合わせ融合させながら、将来進むべき方向を決め、それに賭ける。そのような決断をするには柔軟、かつ考え抜く思考力とともに度胸が必要だ。その決断は早いに越したことはないが拙速ではなく、あれやこれやと仮説を立てながら壊すという繰り返し思考の結果である。その後も、実施の過程で想定外も含めて新たに直面する課題の発見と対策を迅速に遂行し、次々に課題解決していく高度なスキルである。

このように、システム、デザイン、マネジメントの３つの高度スキルを新しい「常識」として身に着けることができれば、物事を構築的、かつダイナミックに（時間軸を考慮して）考えることができるのである。それと同時に、新しい事象に直面した際、物事を表面的な浅い理解にとどまることなく、何段階か深く考える思考方法を身に着けることができる。しかし、日常生活の利便性に直接役に立つという実利をだけ考えているのではない。この３つの新しい「常識」は高度な思考に基づいた「学問」のほうが高度なスキルに依存する「実学」より知的に高級という、これまで無意識に作り上げてきた思考のバリアーを取り除くことに役立つからだ。純粋な「学問」の分野においても、この３つの「常識」を思考のプロセスにおける新たな視点を提供してくれる道具として活用する場合もありうるだろう。しかし、より具体的な形で活用する状況も増えていく可能性もある。

最近、「学問」の「装置産業化」が進み始めている。ハワイ島のマウナケア火山にすばる望遠鏡と並び立つ巨大な直径の望遠鏡を持つ天文台群、ジュネーブ空港のそばの地下に存在する直径８キロメートルのＬＨＣ（Large Hadron Collider）などの装置が必要な天文学や素粒子物理学、あるいは医療におけるゲノム解析や創薬のためのスパコン、そして、今後は大量の情報を処理し活用することになるのが自然な方向である経済学や歴史学、その他の社会科学なども「装置産業」化が進む可能性がある。そのような方向を企画し実現させるためのシステム的発想力、構想を具現化するデザイン力、そして、全体を具体的に実現させるマネジメント能力をあらゆる分野の学者も要求されるようになるはずである。すでに、このような大プロジェクトを支えるため、この3つの「常識」はお互い、行ったり来たりしながらの思考プロセスを通じて最適解を求めるために活用されている。いろいろな選択肢から達成したい性能、完成期日、予算を満足させるだけでなく、稼働率や有効活用の融通性などを勘案した効率的なマネジメントの観点からも望ましいものを選ぶことになる。そして、実際の「装置」はハードウェア中心ではなくシステム的にデザインされ組み立てられるのである。

もう1つ取り除かないといけないバリアーは、陳腐な区分けと分かっていながらつい使ってしまう「理系、文系」という発想である。ここで取り上げている3つの「常識」は理系でも文系でもない。分類システムの次元が違うのである。ハーバード大学では学部での専攻が何であっても大学院レベルであるデザイン・スクールに入ることができる。ここではデザインが「学問」ではなく「高度スキル」、あるいは、プロフェショナル・スキルであると認識されているからだ。実際、デザイン・スクールには数学を勉強したこともなく、サイン・コサインを知らない、いわゆる「文系」の学生も入ってくる。

ハーバード大学では「学問」の分野の間でもかなり自由度があるようだ。カレッジで数学を専攻し、物理学で修士を取り、そして、経済学の博士号を目指すということが可能だ。東京大学では工学部卒の学生が法学部の大学院に入るのは至難の業である。筆者は建築学科を卒業し、設計事務所で建築のアプレンティスとしての修行のあと、ハーバード・デザイン・スクールでアーバン・デザインの修士号を得た。それは「学問」ではなく、プロフェショナル・スキルというべき「実学」であった。

その過程で、アーバン・ロー（都市関連法）という法体系の分野があり、日本にはその分野が確立していないことを知った。それを組み立てる仕事をやりたいと思い、東京大学法学部に学士入学の可能性を確かめたが、経歴を説明すると門前払いであった。このような状況では自然科学であれ、社会科学であれ、あるいは人文科学であれ、「学問」と「高度スキル」の両方を身に着けて新しい方向を追究する人材は育ちにくいのだが、筆者の経験した時から40年経っているが、その認識は広がっていない。

東京大学を含めて伝統的な大学は現在も「学問の府」であり、これまで述べたような高度スキルの重要性に対する認識がないため、当然、そのような機能を持った訓練を提供する場所にはなっていない。この3つの新しい「常識」である高度スキルを訓練する場所を新たに作り出すことが必要だ。場所はやはり大学が望ましいだろう。今後、「学問」と「高度スキル」は多くの活動分野において、それぞれの独自性を保ちながらも協力、そして、融合が進むだろうと思うからだ。両方のバランスの取れた訓練を受けた人たちが増えることによって不毛な議論から脱却できることを期待したいのである。そういう人達が少しでも出現することによって、そのような訓練の具体的な価値が世間に理解されるようになり、より多くの人達がそのような訓練を望むようになるという、「社会システム・デザイン」でいうところの良循環が形成されるだろう。そうすれば、この本が述べたような状況の出現は案外、そんなに時間がかからないかもしれないと、実は楽観している。

横山禎徳

２０１８年12月

索 引

アルファベット

ア 行

カ 行

サ 行

タ 行

ナ 行

ハ 行

マ 行

ヤ 行

ラ 行

社会システム・デザイン
組み立て思考のアプローチ
「原発システム」の検証から考える

2019年2月5日　初　版

［検印廃止］

著　者　横山禎徳《よこやまよしのり》

発行所　一般財団法人　東京大学出版会
代表者　吉見俊哉
153-0041　東京都目黒区駒場 4-5-29
http://www.utp.or.jp/
電話 03-6407-1069　FAX 03-6407-1991
振替 00160-6-59964

印刷所　株式会社真興社
製本所　牧製本印刷株式会社

ISBN 978-4-13-043042-5　Printed in Japan